# 101招

## 學會LibreOffice實戰技巧

**Writer** 文書 + **Calc** 試算表 + **Impress** 簡報 實戰技巧

# 掌握軟體使用的自主權，不被特定軟體「綁架」

正當很多人對「自由軟體」一詞陌生時，實際上產業很多嵌入式裝置中已大量使用各式自由軟體，除了基於無需支付授權費用的優點外，許多自由軟體配合原始碼的釋出，更可以改良成為「量身訂製」的軟體，所以自由軟體對全世界的商業發展，特別是硬體產業有巨大的貢獻。

自由軟體除了在產業界占有重要地位，其實與我們這群資訊世界的終端使用者距離也並不遙遠。我們日常所使用的辦公室文書編輯、試算表、簡報、資料庫、網站架站、影像處理等都有各式自由軟體可供選用。但有些朋友用了自由軟體後，覺得這些自由軟體雖然免費、使用起來與慣用的商用軟體還是有一些差距，特別是有些軟體的中文支援性比較差。為此，一群熱心人士多年來不斷透過改良軟體界面、開發轉檔程式等方式，讓自由軟體更在地化、具可親性及拉近自由軟體與商用軟體使用習慣上的差異。經過一段時間的努力，國內自由軟體的使用也的確逐漸開展。

為了讓更多人能親近自由軟體進而實際操作，社群朋友以傳教士精神撰寫這本書，把大家最常用的辦公軟體每個功能都以圖文並列方式詳加說明，希望「照表操課」後每位讀者都可成為使用自由軟體的專家。

國家發展委員會對於數位平權問題一向重視，所以持續推動國人使用自由軟體，希望民眾都能掌握軟體使用的自主權，不被特定軟體「綁架」，因此，對於此書上市能協助更多讀者樂於使用自由軟體有很深的期待，也深盼軟體產業、軟體服務業能在國內蓬勃發展。

潘國才

國家發展委員會處長

# 實現您的「資訊平權」就從本書開始

故事是這樣的…

在台灣某偏遠地區的小村落，有個家境清寒的同學，自小刻苦勤奮向學，成績優異，學校老師推薦他申請政府公部門的獎學金，這位同學打了電話詢問後，公務人員告訴他不必大老遠地臨櫃，只要上網就可以線上申請囉！( 您看，這真是電子化政府的德政與美意啊!) 因此他跟隔壁巷口的同學家借了電腦（是的，用借的，都要申請清寒獎學金了，家裡不一定買得起電腦，更不會有寬頻網路），連上申請網站，下載了名為「獎學金申請表 .docx」的檔案，幸好同學家電腦有付費安裝合法的商用 Office 2010 軟體，可以開啟、編輯、填寫申請的表格檔案 .docx 存檔後，送出申請，大功告成。

不久後，政府部門的公務人員打電話告知同學說：「您所繳交的申請表格電子檔，是舊版的 office 軟體所編輯的，我們的申請表格檔是用新版的 Office 2019 所製作的，為了格式內容不要跑掉而影響到您的權益，能不能改用新版的 2019 軟體編輯再寄出一次呢？」

試問，這樣的要求，您認為是理所當然還是非常不合理呢？而故事的描述中，政府機關是不是間接地告訴同學：你要先花錢購買這套最新版的電腦軟體才可以來跟政府申請、才可以跟政府打交道呢？

被稱為「歐洲良心」的法國文學家羅曼·羅蘭曾說：「我們只崇敬真理，自由的、無限制的、不分國界的真理，毫無種族歧視或偏見的真理。」而諷刺的是，我們的歧視與偏見正踐踏著我們崇尚的自由。半強迫地限制你使用特定 Office 軟體、剝奪你選擇的自由，在台灣的許多產、官、學界的領域裡，不斷地上演的荒唐故事。

近年來國際上推動開放式的文件格式 ODF(Open Document Format) 就是在解決這個「資訊人權」的問題，它核心精神並不是推廣特定軟體， 是讓每個人可以自由地選擇任何品牌版本 Office 軟體，但都採用通用的電子文件檔格式 ODF 做交換，不受任何獨家技術及法律上的障礙與限制。台灣國家發展委員會資訊處潘國才處長更是先知卓見，戮力推動建置了以 LibreOffice 為基礎的 ODF 文件應用工具來作為台灣版通用的 Office 軟體，實為全民的一大福音，而本書就是此套軟體最佳的教學典範書。

擁有豐富教學經驗的孫賜萍老師，不僅是致力於自由軟體的舵手、充滿魅力的演說家，同時更像是一個自由思想的佈道者，時時刻刻總是神采飛揚地跟我闡述著軟體自由化的美好體驗，蔡凱如老師在公部門扎實且寶貴的教學資歷，教學範例貼近公務人員日常行政的文書需求，課堂中總像個鄰家小姐姐般用親切口語化的生動教學技巧，讓學員簡單上手。這回，兩位再次聯手將大家最常遭遇的 LibreOffice 問題彙整，就像火工頭陀灌注在張無忌身上的九陽神功，將畢生功力注集在本書中，招招精彩，叫人受用無窮。

法國思想家盧梭曾說：「人是生而自由的，但卻常困在枷鎖之中。」，德國古典唯心主義哲學家康德更說：「自由不是想做什麼，就做什麼，而是教會你不想做什麼，就可以不做什麼。」在許多大大小小場次的演講中，我總在開頭先開玩笑地提問在場的觀眾說：「樓下那個無障礙設施及通道，好突兀啊！可不可以把它拆掉呢？」台下總是堅定又不可思議的眼神回答著說「不可以！絕對不行！這樣罔顧人權！」太好了，無障礙的「人權」已經是一種全民信仰的普世價值，而 ODF 其實就是電子文件的無礙障，對於軟體及格式，我們有更多選擇的自由，實現您的「資訊平權」就從本書開始吧！

莊翔筑

宜蘭縣政府資訊管理科科長

# 學會並熟練地使用自由軟體，既利人又利己

如果您是一般民眾，上線洽公時發現政府部門提供的表單都是要付費的商用辦公軟體，一定會感到苦惱；如果您是上班族或企業老闆，付錢買了新版商用軟體後，卻發現新軟體打不開舊檔案，一定會感到氣憤；如果您是公務員，辦公室正在推動自由軟體，您卻無法順利駕馭，一定會感到頭痛。當您擁有這本書以後，上面的各種疑難雜症就可以藥到病除了。

大多數人認為在處理電腦業務時唯一的選擇就是 Microsoft Office，其實非也。世界各國很多主張軟體應用公共化的熱心人士或非營利組織，認為軟體就像圖書館裡的書，本來就可以被無償借閱一樣應該予以公共化，所以實際上已經存有許多功能媲美或甚至超越微軟公司的免費軟體，只是一般人都被廠商套牢而不曾覺察。

我國行政院國發會選定了 LibreOffice 自由軟體要來解決上述「花錢」、「常需改版」、「新版無法開啟舊版」的問題，自 108 年起各公務機關將儘速達到全部公務文件自由軟體化。

然而，習慣於使用微軟產品的我們，在操作 LibreOffice 軟體時，仍然有暈頭轉向，感到不適應的時刻。所以，手邊準備一本百問百答的工具書是不可或缺的。

孫賜萍老師是國內自由軟體推動的頂尖高手。他超像傳教士的，只要有人找他去介紹 ODF，在時間許可的情況下，即使山高水遠，他也會不辭辛勞地去協助。大家的問題如果是他能處理的、他會立馬提供解答；如果是軟體不夠完善的，他就向提供 LibreOffice 軟體服務的「文件基金會」反映並請求修訂，讓該軟體能日新又新、越來越好用。

學會並熟練地使用自由軟體，既利人又利己。Uniqlo 總裁柳井正說：「學以致用，學習才有意義。」本書以 Q&A 的方式從基礎設施開始，逐一介紹了 Writer、Calc、Impress 三種軟體的常用問題解答。手邊擁有這本工具書，保證每個人的電腦處理能力都會大大進步！

張淑宜

中油公司訓練所副主任

# 讓使用者不再有文件交換上被特定軟體套牢的困擾

西元 2000 年 7 月 19 日，昇陽（Sun Microsystem）公司在當年的歐萊禮開源大會（O'Reilly Open Source Convention）上宣布，計畫將其併購的 StarOffice 程式源碼開放出來，做為微軟 Office 的自由開源替代方案，隨後於同年 10 月 13 日正式釋出源碼，命名為 OpenOffice.org，並持續主導其開發。這是自由開源的辦公套裝軟體的濫觴。

2010 年，昇陽公司被甲骨文（Oracle）買下後，由於甲骨文與 IBM 等公司的態度，OpenOffice.org 社群面臨了存續的危機，因此社群核心成員決定出走，在 2010 年 9 月 28 日宣布成立文件基金會（The Document Foundation），將 OpenOffice.org 分支出來成為現在的 LibreOffice。這種分支的動作，是自由軟體世界的一大特色，它延續了自由開源辦公套裝軟體的命脈，也確保了使用者選擇的自由。

除了延續自由辦公套裝軟體的命脈，文件基金會成立與 LibreOffice 的釋出還有更重大的意義：它持續使用全世界第一套辦公文件國際標準，也就是國內目前全力推動的「開放文件格式」（Open Document Format，ODF）做為原生文件格式。使用開放文件格式這種開放標準做為辦公文件的格式，就無需擔心文件在十年後沒有適合的軟體可以再打開，無需花費龐大的費用只為了開啟特定的試算表或文件。LibreOffice 與 ODF 的搭配，讓全世界的電腦使用者都不再有文件交換上被特定廠商與軟體套牢的困擾。

回到本書，本書的兩位作者：蔡凱如老師與孫賜萍老師，跟我都是一起為自由軟體、軟體自由奮戰多年的夥伴；兩位也都是文件基金會所認證的 LibreOffice 訓練專家。換句話說，兩位老師不管在演講、授課等的功力都已被國際社群所認可。本書使用國家發展委員會委託國內自由軟體服務商，將 LibreOffice 針對國內需求客製化出來的「國家發展委員會 ODF 應用工具」來介紹 LibreOffice 各種相關應用，但它絕不是單純的工具書，而是承繼前一本《LibreOffice 辦公室應用秘笈》的風格，以實戰範例切入，帶領大家從實例中理解文件、試算表、簡報等技巧。也是在臺灣的所有 LibreOffice 使用者極佳的參考。

今年 2020 年，適逢文件基金會成立十週年，還有自由開源辦公套裝軟體問世的廿週年，我個人也在今年有幸當選文件基金會成立以來第一位來自亞洲地區的董事會副主席。這代表著文件基金會與 LibreOffice 國際社群持續地看到臺灣與亞洲地區在推動開放文件格式與自由開源辦公套裝軟體的努力。在此我很高興地代表文件基金會，向大家推薦這本書，做為臺灣向 LibreOffice 祝壽的獻禮，也請大家一起來透過此書，學習、體驗真正的文件自由。

翁佳驥（Franklin Weng）

文件基金會 董事會副主席

# 一本值得擁有的書籍

中華民國大專校院資訊服務協會 ( 簡稱：ISAC ) 的會員，大都是我國大專校院現任的資訊行政主管 ( 或稱主任 / 處長 / 資訊長 CIO, Chief Information Officer)。近年來接獲多數 ISAC 會員反映，大專校院所簽訂的每年度微軟校園授權 ( 含微軟產品的 Windows 作業系統、Office 文書軟體等 )，經銷商之報價逐年調漲，在近年全國少子化的衝擊下，更造成學校不少的經費壓力。

ISAC 從 2014 年起，承接教育部「校務行政 e 化交流服務計畫」，其中的子計畫「推動 ODF-CNS15251 為政府文件標準格式續階實施計畫」，乃鼓勵大專校院師生採用標準 ODF(Open Document Format) 文件軟體作為基礎教育應用工具，期望相關學研計畫之文件、表格與成果等資料以 ODF 文件格式流通，共同推動 ODF 文書格式，響應政府開放文件標準格式，提升我國軟實力。

ISAC 於協助全國大專校院導入及推廣 ODF 時，學校老師常常反應有關國發會 ODF 文件應用工具 (NDC ODF Application Tools) 之軟體操作、教學應用的相關問題。

蔡凱如老師，是亞洲區第一位經過德國文件基金會認證之 ODF 推廣講師，孫賜萍老師，則是德國文件基金會 ODF 認證委員。兩位老師從 2012 ～ 2020 年的 ODF 教學中，收集了學員常問的 101 個問題，且編寫成本書的 QA 範例與解說。這些範例，對學習者或使用者而言，是一本值得擁有的書籍。

黃明達

ISAC 榮譽理事長

教育部「校務行政 e 化交流服務計畫」計畫主持人

# 作者序

呼！終於 ... 圓了一個夢！

從事電腦教學工作這麼多年，一直就喜歡跟大家分享電腦應用的小技巧，特別是很多人經常使用的辦公室應用軟體，每每收到學員的詢問信件，就會在心中浮起疑問，明明是很常使用的功能，為什麼在實務上應用時，感覺有些使用者卻顯得生疏、無法做延伸的變化應用？！

寫第一本書時，很想寫一本辦公應用的 QA 小技巧，不過很多出版社卻覺得辦公軟體 QA 的書籍沒有市場，因此婉拒了筆者的提議。但是筆者卻發現近幾年電腦暢銷書籍的排行榜，辦公軟體 QA 的應用卻屢屢佔上排行榜的前三名，可見還是有很多使用者正在尋尋覓覓一本能協助他解決辦公實務問題的參考書籍。

特別是從 2014 年開始，政府推動 ODF 為文件標準格式，目的期望在資訊可以公開互通下，讓使用者可以自由選擇更適合的軟體，讓廠商有公平競爭的環境，設計功能更好、價格更優惠的軟體。而目前支援 ODF 文件格式最常被採用是 OpenOffice 及 LibreOffice 兩套軟體；但是一般使用者在文書處理軟體的應用上大多採用的是 MS Office，以致於在轉換上常會遇到瓶頸，因此更堅定筆者寫這本書的決心！

目前坊間的辦公應用教學書籍非常多元，但內容大多是針對一般使用者通用的功能進行教學，包含 QA 問答也大多是以功能解說為例，對於實務應用上的著墨卻是少之又少；以致於多數使用者在文件編輯上，遇到問題卻無法突破盲點去解決，特別是在 LibreOffice 軟體的操作上。

筆者撰寫本書的目的，主要是希望能盡個人棉薄之力，分享軟體延伸應用的小技巧，協助使用者在軟體應用上可以更進一步結合工作實務。

現階段縣市政府及公務部門，皆開始採用國家發展委員會客製化的「ODF 文件應用工具 (NDC ODF Application Tools)」作為導入 ODF 格式的媒介，因此本書主要是以該軟體的應用為基礎，針對實務上可能會遇到的延伸操作做為教學主軸，並以 QA 的方式分享常用小技巧。

期盼本書的內容，能為讀者帶來實質的幫助，讓國家發展委員會客製化的「ODF 文件應用工具 (NDC ODF Application Tools)」軟體應用能更容易上手。

蔡凱如、孫賜萍

# 101 招學會 LibreOffice 實戰篇　聲明啟事

# 第 2 章　101 招之 Writer 文書　實戰篇

## 第 3 章　101 招之 Calc 試算表　實戰篇

# 第 4 章　101 招之 Impress 簡報　實戰篇

# 第 1 章

# 資訊應用最前瞻的公共基礎建設

## 1.1　何謂 ODF？為何要推動 ODF？

ODF 是 Open Document Format 開放文件格式的簡稱，在 2002 年 12 月由 Arbortext、波音、科立爾、CSW Informatics、Drake Certivo、澳大利亞國家檔案館、紐約州總檢察官辦公室、聖經文學學會、索尼、Stellent 和昇陽電腦成立了 OASIS Open Office XML Format 技術委員會，開發一種 XML 的標準文件檔案格式，並於 2006 年 11 月成為 ISO 與 IEC 國際標準，正式標準名稱為 ISO/IEC26300。

我國政府為配合資訊公開政策及因應資訊平台、載具多元化趨勢，便利民眾於網站下載政府資訊及政府機關間、政府與企業之資料交換，行政院自 104 年 1 月 1 日起推動 ODF-CNS15251 為政府文件標準格式，希望各界共同推動 ODF 開放文件格式，並響應政府開放文件標準格式，以提升我國軟實力。

簡單的來說，推動 ODF 開放文件格式，主要目的為：

- 符合國際標準、迎合未來的趨勢
- 文件永久保存、資訊流通無障礙
- 照顧弱勢族群，達到資訊平權理念

然而，推動 ODF 標準必須仰賴辦公室應用軟體來輔助，目前支援 ODF 的相關應用軟體至少超過 20 幾個，LibreOffice 可以說是其中最符合 ODF 標準的一套辦公室應用軟體。很多國家，例如英國和我們在推動 ODF 的同時，也採用 LibreOffice 作為 ODF 主要的應用工具。

## 1.2　初探「國家發展委員會 -ODF 文件應用工具」

LibreOffice 是一套自由軟體,所以使用者可以自由的下載使用,它也是目前國際間許多公私立機構採用的辦公軟體;尤其是在開放文件格式(Open Document Format,簡稱 ODF)成為文件交換標準規範的同時,學習妥善的使用該軟體,讓文件內容的交換無痛轉移是不容忽視的課題。

LibreOffice 是容易學習的一套軟體,只要您擁有 Microsoft Office 的基礎操作能力,相信對於 LibreOffice 的相關應用是可以輕鬆上手的。

而行政院國家發展委員會在推動 ODF 政策時,為了能讓 LibreOffice 更符合中文使用者需求,特別開發了專屬的版本,我們稱之為「國家發展委員會 ODF 文件應用工具(NDC ODF Application Tools)」,本書籍相關內容也是採用該版本作為教學引導。

在這個單元中,我們首先要介紹如何下載及安裝「國家發展委員會 ODF 文件應用工具(NDC ODF Application Tools)」,接下來的單元則介紹基本文件應用及快速將原有的 Microsoft Office 的文件轉換為開放文件格式(Open Document Format,簡稱 ODF)的格式,讓文件符合國家交換標準。

## ▌下載「NDC ODF Application Tools」

圖01 開啟瀏覽器,於搜尋列中輸入「國發會 ODF」,再選按「搜尋」。

**步驟02** 點選「ODF 文件應用工具 - 國家發展委員會」的連結，即可連線至行政院國家發展委員會 ODF 下載網站。

**步驟03** 點選網站中「2.0.3 版本（64 位元）安裝檔」的下載連結。（註：版本會陸續更新，但下載頁面不變。）

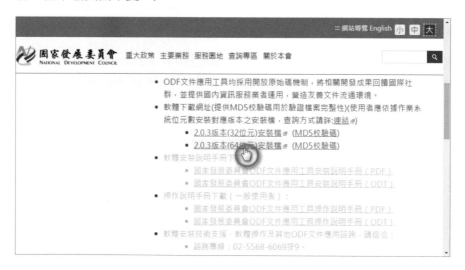

**步驟04** 下載完成後，即可看到如下的安裝程式。

NDC ODF
Application
Tools_x86_64-2.
0.3.msi

☀ 小百科

所謂『開放文件格式（Open Document Format，簡稱：ODF）』是一種適合辦公應用的標準及基於 XML 的文件格式規範，任何人都可以免費使用，並適用於文件、電子表格、圖表和圖檔，開放文件格式提供一個取代私有專利文件格式的一個方案，使得組織或個人不會因為文件格式而被廠商所限制。

如果你還不是很了解什麼是 ODF，你可以試著把 ODF 當作 HTML 格式來看待，我們都知道在網頁設計的世界裡，因為有 HTML 這一個共通的開放標準格式，因此我們可以利用任何支援 HTML 格式的軟體來製作網頁以及開啟網頁。當 ODF 推動到一個極致，我們就可以像 HTML 一樣自由的選擇軟體來編輯與應用各種辦公室檔案格式。

## ▌安裝「NDC ODF Application Tools」

將「國家發展委員會 ODF 文件應用工具（NDC ODF Application Tools）」的軟體下載到電腦之後，接下來就必須要執行安裝的程序，如此才能順利開啟相關軟體。

那還等什麼，快點跟著下列步驟進行安裝吧！。

░01 在「 ░ 」的圖示上快點滑鼠左鍵二下，進入安裝的程序。

░02 開啟安裝程式後，接下來，請選按畫面右下方的「下一步 (N)>」繼續。

STEP 03 接下來選取「◉一般 (T)」的安裝選項，再按「下一步 (N)>」。

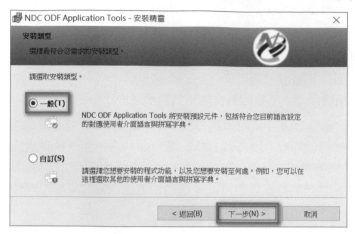

STEP 04 視需求勾選是否要在桌面上產生捷徑，本範例在此是有勾選的，所以安裝完成後，在桌面上可以看到 NDC ODF Application Tools 的軟體捷徑圖示。接下來，選按「安裝 (I)」的按鈕繼續。

STEP 05 電腦會出現安裝精靈的提示訊息，選按「確定 (O)」。

**06** 進入程式的安裝，這個步驟需要花費大約 3～5 分鐘的時間，請耐心等候不要任意取消安裝程序。

**07** 選按「完成 (F)」結束安裝程序。

「NDC ODF Application Tools」安裝完成後，只要快點桌面「  」圖示二下，即可開啟軟體。

「國家發展委員會 ODF 文件應用工具（NDC ODF Application Tools）」衍生自 LibreOffice 辦公室軟體，所以提供的軟體是相同的，他們分別是：Writer 文書處理、Calc 試算表、Impress 簡報、Draw 繪圖、Math 公式及 Base 資料庫等六項軟體，各執掌不同的功能，分別為大家說明如下：

### 「Writer 文書處理」

Writer 是文字編輯軟體，它是一個符合開放文件格式及功能完備的文書處理軟體。它的功能包含基本頁面設定、文字編輯排版、表格製作與應用、文字方塊、基本繪圖、匯出 PDF 及合併列印等，同時與 Microsoft Word 有很高的相容性，您可以輕易的開啟或儲存 docx 檔，甚至還可以直接匯出成 HTML 及 PDF 檔案格式。

### 「Calc 試算表」

Calc 是試算表應用軟體，它類似 Microsoft Excel 一樣，可以讓您透過表格的觀念快速計算您所輸入的數值，也可以輸入函式或是程式，且具有自動判斷的功能，幫助您處理儲存格中的計算、資料分析以及建立圖表等問題。另外也可以合併試算表的資料到您的文件及簡報中，以建立更專業的文件整合應用。

### 「Impress 簡報」

Impress 是非常實用的簡報軟體，使用它來製作簡報，不僅操作容易、整合性高，更可以幫您快速建立一份具多媒體動態呈現的專業簡報。它具備了簡報軟體完整的功能，例如母片設定、自動版面配置、動畫與互動式效果、簡報播放設定等，更可以存成或匯出多種檔案格式，包含開啟及儲存成 PowerPoint 的 pptx 檔案格式，還可插入 Flash、Java 等物件，並輸出成 SWF 多媒體檔案格式。

### 「Draw 繪圖」

Draw 是非常容易上手的繪圖工具、具有功能強大的圖形繪製模組，並支援匯入所有通用的圖形格式，它可以輸出 BMP、GIF、JPEG、PNG、TIFF 與 WMF 等檔案格式，更可以快速的建立 Flash（.swf）檔案格式。您可以使用 Draw 來製作海報、插圖，甚至是 3D 圖形，也可以讓您建立向量圖檔、點陣圖檔。它的基本繪圖、插圖與海報設計等功能，一點都不輸給商業性的繪圖軟體，而且它跟其他 LibreOffice 軟體有相同的操作界面，您只要掌握了基本的繪圖技巧，把您的滑鼠當作是一支畫筆，它不但可以幫助您輕鬆的繪製精美圖案，更可以完美的整合到 LibreOffice 的文件與簡報中。

### 「Math 公式」

Math 是公式編輯器，不管是文字文件、試算表、簡報、繪圖等都能呼叫公式編輯器，讓您插入完美格式化的數學公式或科學方程式。您的公式可以包含各種元素，從分數、冪次與指數、積分、數學函數，到不等式、聯立方程式、矩陣等。

### 「Base 資料庫」

Base 是一個功能完整的資料庫工具，當我們要分析處理的資料量較為龐大時，應用資料庫工具來管理與維護資料庫，它就是最佳的選擇。它可以方便使用者建立表單、報告、資料表、查詢、報表等。

此外它更支援許多市面上熱門的資料庫軟體，如：MySQL/MariaDB、Adabas D、Microsoft Access、PostgreSQL，另內建工業標準的 ODBC 和 JDBC 驅動的數據庫，並且還可以與 LibreOffice 其他軟體，如 Writer 及 Calc 搭配使用，讓我們在管理資料庫及進階辦公室應用時更加得心應手。

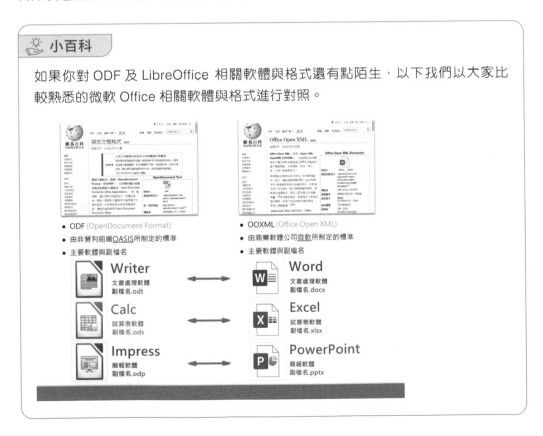

小百科

如果你對 ODF 及 LibreOffice 相關軟體與格式還有點陌生，以下我們以大家比較熟悉的微軟 Office 相關軟體與格式進行對照。

- ODF (OpenDocument Format)
- 由非營利組織OASIS所制定的標準
- 主要軟體與副檔名

- OOXML (Office Open XML)
- 由商業軟體公司微軟所制定的標準
- 主要軟體與副檔名

**Writer** 文書處理軟體 副檔名.odt ⟷ **Word** 文書處理軟體 副檔名.docx

**Calc** 試算表軟體 副檔名.ods ⟷ **Excel** 試算表軟體 副檔名.xlsx

**Impress** 簡報軟體 副檔名.odp ⟷ **PowerPoint** 簡報軟體 副檔名.pptx

## 1.3 熟悉「國家發展委員會 -ODF 文件應用工具」

### ▌建立其他新文件

誠如上一小節提及，在「國家發展委員會 -ODF 文件應用工具（NDC ODF Application Tools）」辦公室軟體中一共包含：Writer 文書處理、Calc 試算表、Impress 簡報、Draw 繪圖、Math 公式及 Base 資料庫等六項軟體，當我們透過快點桌面「![NDC ODF Application Tools]」圖示二下開啟 LibreOffice 軟體，主程式雖然被開啟，但文件是尚未被建立的，我們必須再點選其中一個軟體的圖示來開啟新的文件類型。

而在「NDC ODF Application Tools」中有一個很特別的功能，便是可以在任何一套軟體中，建立另一個軟體的新文件。例如，我們正在 Writer 中編輯文件，但是卻臨時想要編輯一份 Calc 試算表，此時即可透過開啟新檔的方式來建立：

**01** 方法一：在 Writer 文件中，點選「檔案 (F)」→「新增 (N)」→「試算表 (S)」。

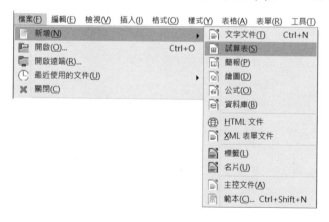

**02** 方法二：透過工具列上的「![icon]」→「試算表 (S)」。

**STEP 03** 完成之後，在 Writer 文件不關閉的情形下，即會開啟一份空白的 Calc 試算表文件。

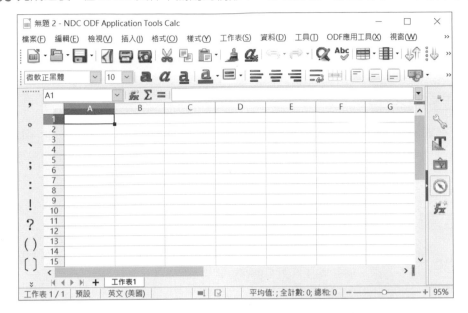

💡 **小百科**

| 新增文件 | 說明 |
|---|---|
| 文字文件 | 建立一份新的 Writer 文件。 |
| 試算表 | 建立一份新的 Calc 試算表。 |
| 簡報 | 建立一份新的 Impress 簡報。 |
| 繪圖 | 建立一份新的 Draw 繪圖文件。 |
| 資料庫 | 開啟「資料庫精靈」來建立一個新的資料庫檔案。 |
| HTML 文件 | 建立一份新的 HTML/Web 格式文件。 |
| XML 表單文件 | 建立一個新的 XForms 文件。它是一種新型的 Web 表單，儲存 XForm 文件後，可開啟該文件，填寫表單，然後將變更提交給伺服器。 |
| 主控文件 | 建立一份新的主控文件。主控文件可提供使用者管理大型文件，並為所有的子文件建立目錄和索引。 |
| 公式 | 建立一份新的 Math 公式文件。 |
| 標籤 | 開啟「標籤」的視窗，您可以在其中設定標籤的選項，然後為這些標籤建立新的文字文件。 |
| 名片 | 開啟「名片」的視窗，使用者可以設定名片的相關選項，然後建立新的文字文件。 |
| 範本 | 使用現有的範本來建立一份新的文件。 |

# ▎範本的各項應用

範本是一個模型，可以透過它來建立其他的文件。範本就像是一般的文件一樣，包含許多物件，如：文字、圖形、表格或樣式等，亦可編輯相關的內容。

## 「套用範本文件」

範本文件雖說是一份新文件，但有別於 Writer 文字文件或 Calc 試算表，它一開啟之後，編輯區中即有相關的文字、圖形或表格內容，並非為空白文件，我們只要依循標題或指示輸入相關的資料即可。

### 預設範本

在「NDC ODF Application Tools」軟體中，預設已有提供幾個範本，我們可以直接採用：

**步驟01** 在軟體中，點選「ODF 應用工具 (X)」→「公務文件範本 (C)」。

**步驟02** 點選「簽到表 3 欄」
→再點選「開啟」。

步驟03 完成之後，即會開啟一份簽到表的範
本文件。

**線上範本**

由於「NDC ODF Application Tools」衍生自 LibreOffice 軟體，所以若是預設提供
的範本不敷使用，我們可以連結至 LibreOffice 的官方網站，LibreOffice 提供許多的
線上範本可供下載，例如：我們想要製作一張銷售表，但預設的範本中並沒有提供，
此時便可透過線上範本下載。

步驟01 在軟體中，點選「檔案 (F)」功能表中的「新增 (N)」→再選按「範本 (C)」。

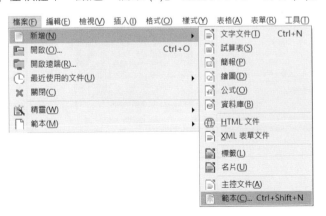

**02** 選按「 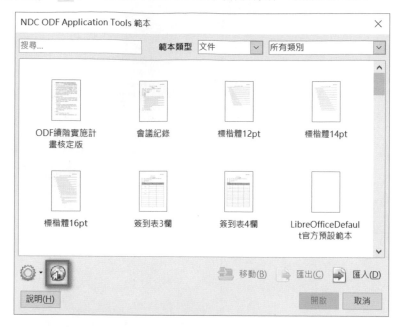 」，連線到 LibreOffice 官方網站，取得更多範本。

**03** 選按網頁上的「Templates」。

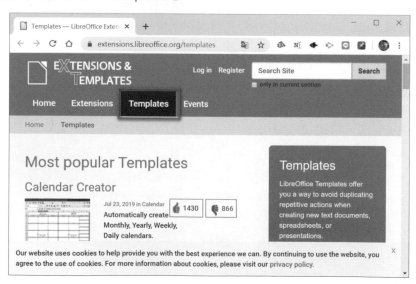

**STEP 04** 選按範本分類為「Budget」。

**STEP 05** 接下來，選按所需的範本，如：「Monthly Budget and Expense Record」。

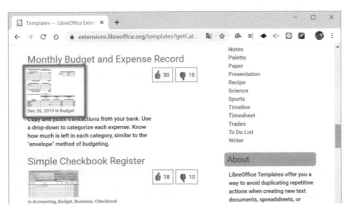

**STEP 06** 選按「monthly_budget_2.1.ots」，下載範本。

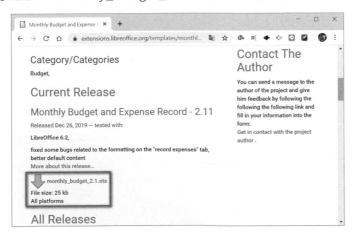

**07** 完成之後，電腦中即擁有一份銷售表的範本文件。

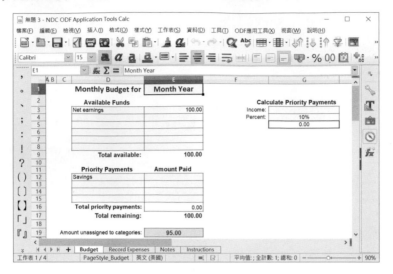

又或者我們需要一張甘特圖來進行專案的進度管理：

**01** 選擇範本「Agenda」。

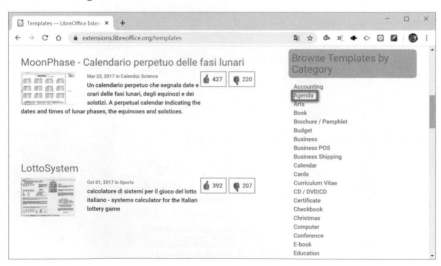

**02** 接下來，再選按所需的範本，如：「Gantt Chart Template」。

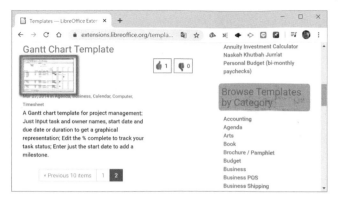

**03** 選按「gantt-chart-template.ods」，下載範本。

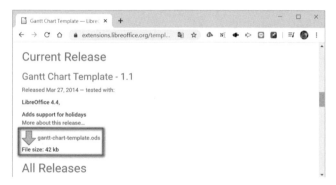

**04** 完成之後，電腦中即擁有一份甘特圖的範本文件。

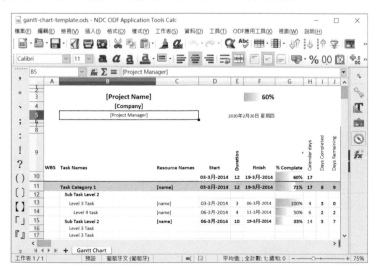

當然，如果要進行專案的報告，少不了也需要一份較正式的簡報範本：

**01** 選擇範本「Presentation」。

**02** 接下來，再選按所需的範本，如：「LibreOffice Presentation Templates - Community」。

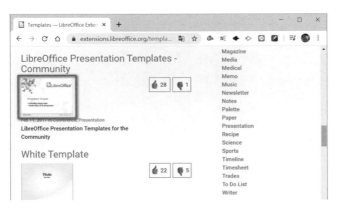

**03** 選按「libreoffice-presentation-template-community.otp」，下載範本。

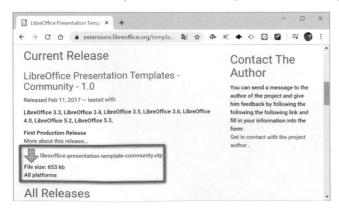

圖04 完成之後，電腦中即擁有一份較為正式的 Presentation 範本文件。

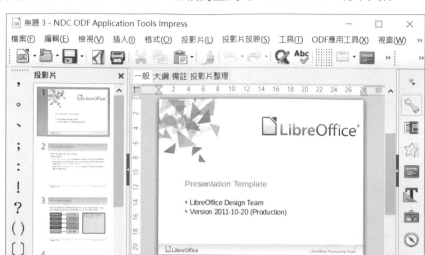

## 「自訂範本文件」

若預設的範本及線上範本所提供的文件都不符合需求，我們也可以客製化範本的內容並儲存，以供日後使用。

範本精靈

在「NDC ODF Application Tools」中，它提供了建立範本的好幫手，例如：我們想要建立一份共用的傳真文件，便可透過精靈的功能快速建立傳真的範本文件：

圖01 點選「檔案 (F)」功能表中的「精靈 (W)」→再點選「傳真 (F)」。

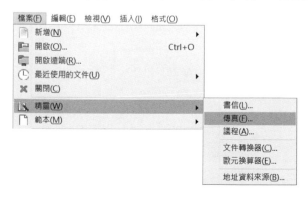

**02** 在頁面設計中，選擇「◉商務傳真 (B)」→「下一步 (N)>」。

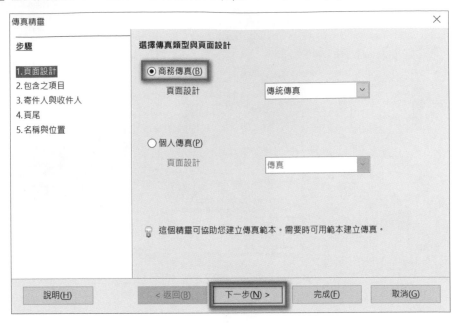

**03** 在包含之項目，勾選如下選項後，再選按「下一步 (N)>」：
☑ 標誌　☑ 日期　☑ 主旨行　☑ 開頭稱呼　☑ 問候語　☑ 頁尾

**04** 設定回傳地址資料，如：姓名、地址、傳真號碼→「下一步 (N)>」。

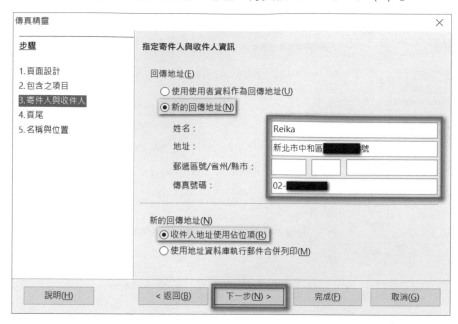

**05** 輸入頁尾資訊，亦可空白→選按「下一步 (N)>」。

**步驟06** 設定範本名稱為「傳真範本」→「完成 (F)」。

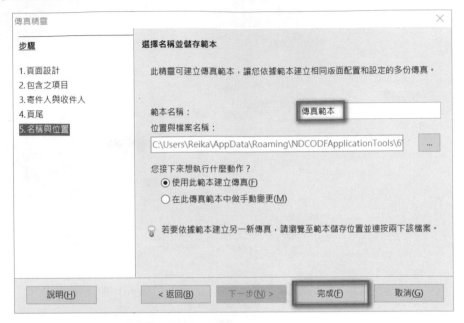

**步驟07** 儲存範本,設定檔案名稱為「傳真範本」→選按「存檔 (S)」。

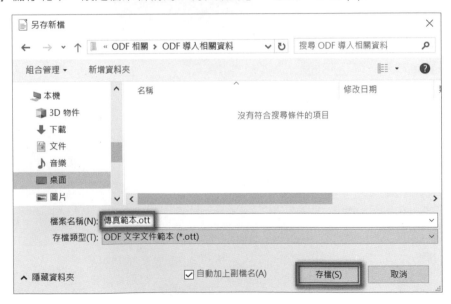

步驟08 完成之後,即可開啟一份傳真文件範本。

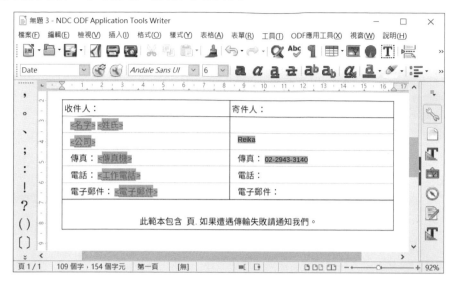

### 自行設計

若在精靈中仍未找到所需的範本格式,我們也可以將自己設計好的文件建立成範木,以供日後使用。

步驟01 開啟設計好的文件。

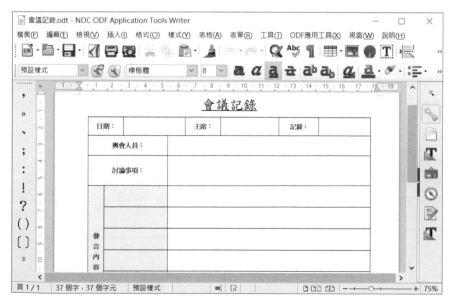

02 點選「檔案 (F)」功能表中的「範本 (M)」→「另存為範本 (A)」。

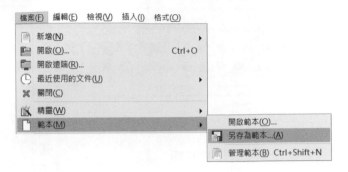

03 輸入範本名稱 (N) 為「會議記錄」→點選範本類別 (C) 為「我的範本」→再按「儲存 (S)」。

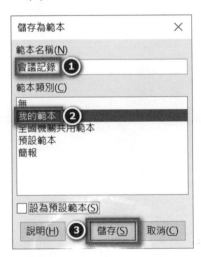

---

☆ 小百科

範本文件和一般文件的區別：範本文件大多是以「新文件」的方式打開，編輯完成時會以「另存新檔」的方式儲存文件。　一般文件則是以「開啟舊檔」的方式打開，編輯完成時即可直接透過「儲存檔案」的方式儲存文件。

## 「管理範本檔案」

範本文件有一定存放的位置，雖然「NDC ODF Application Tools」只能使用在預設範本資料夾中的範本，不過我們可以建立新的範本資料夾並使用它來管理個人的範本。

### 建立資料夾

當建立的範本文件愈來愈多時，就需要好好管理，以免雜亂無章不易搜尋，我們可自行建立新的資料夾，將範本文件分門別類存放，便於日後使用。

步驟01 點選「檔案 (F)」功能表中的「範本 (M)」→「管理範本 (B)」。

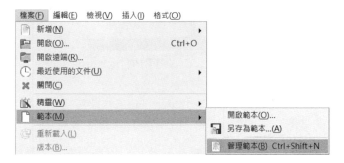

步驟02 選按「 ◎· 」設定按鈕 → 再點選「新增類別 (A)」。

**步驟03** 輸入類別名稱 (A)，如：專案 → 再選按「確定 (O)」。

**步驟04** 設定完成後，即可看到範本中新增一個名為「專案」的資料夾。

### 匯入範本

當我們把自己設計完成的檔案儲存為範本時，通常都是將其放置在最常用的路徑下，如：桌面、文件；但如此一來，文件便零散在各個不同的位置，搜尋和管理都不容易。若能將範本匯入至範本資料夾中，管理和使用上將更為方便。

**步驟01** 點選「檔案 (F)」功能表中的「範本 (M)」→「管理範本 (B)」。

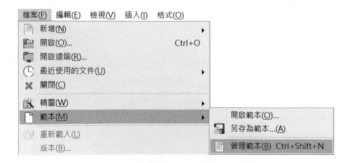

步驟02 選按「 」匯入 (D) 功能。

步驟03 選擇欲匯入的類別,如:專案 → 再選按「確定 (O)」。

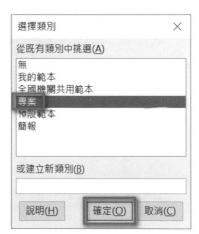

步驟04 選擇欲匯入的範本檔案 →再選按「開啟 (O)」。

**步驟05** 完成設定之後，在【專案】類別的範本清單中，即可看到匯入的檔案。

**移動範本**

當範本匯入至系統預設的儲存位置之後，並不一定會放到相對應的資料夾中，為了能妥善管理相關的範本文件，我們可以將範本檔案移動至分類的資料夾中歸檔。

**步驟01** 點選「檔案 (F)」功能表中的「範本 (M)」→「管理範本 (B)」。

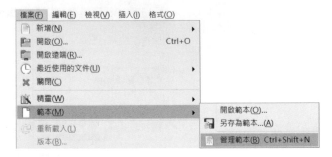

**步驟02** 點選「欲移動的檔案」，如：會議記錄→再點選「　移動 (B)」。

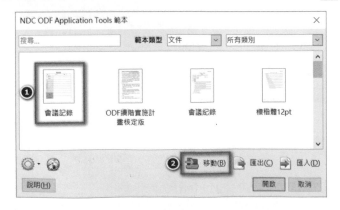

STEP03 挑選要移動的目地類別資料夾，如：專案→再
點選「確定 (O)」。

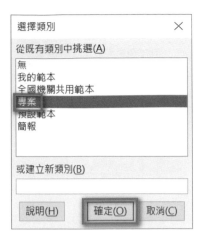

STEP04 完成設定之後，會議記錄範本即搬移至「會議
相關」資料夾中。

### 匯出範本

範本文件一般只存在於使用者個人的電腦中，若要將範本分享給其他人，可以透過
匯出的方式，將檔案匯出。

STEP01 點選「檔案 (F)」功能表中的「範本 (M)」→「管理範本 (B)」。

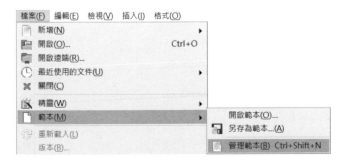

**02** 點選「要匯出的範本文件」→再點選「 匯出 (C)」。

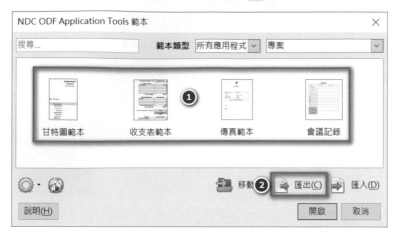

**03** 選擇存放的路徑為「常用範本」→再點選「選擇資料夾」。

**04** 範本匯出成功後，會出現一個【資訊】視窗，選按「確定」即可。

完成設定之後，會議記錄範本即匯出至「常用範本」資料夾中。

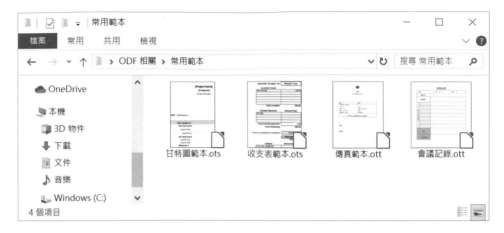

### 刪除範本

當範本不需要再使用時，可以予以刪除，但預設的範本是無法刪除的，只能刪除自
己建立的範本。

**01** 點選「檔案 (F)」功能表中的「範本 (M)」→「管理範本 (B)」。

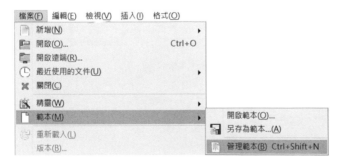

**02** 選按欲刪除的範本檔案，如：傳真範本→選按「滑鼠右鍵」顯示快顯功能表→再
點選「刪除 (E)」。

**03** 在【確認】視窗中選按「是 (Y)」。

設定完成後，即可看到「傳真範本」的檔案已被刪除。

# ODF 應用工具

ODF 應用工具是「國家發展委員會 -ODF 文件應用工具（NDC ODF Application Tools）」特有的功能。主要是針對公務機關常用的範本及提供使用者所需要的操作資源，重要的功能說明如下。

## 操作小幫手

在「NDC ODF Application Tools」軟體中，收錄了歷年來國發會辦理的教育訓練相關資源，如果遇到操作相關的問題，可以在「操作小幫手」中找尋相關的參考資源。

**01** 在軟體中，點選「ODF 應用工具 (X)」 →「操作小幫手 (H)」。

**02** 點選所需要的文件，即可進入教學內容。

### Q&A 問題回報

在「NDC ODF Application Tools」軟體中，「Q&A 問題回報」及「Q&A 問題回應列表」是一體的，在「Q&A 問題回報」中回報使用時遇到的問題，後續若要查詢回報的處理進度，即可在「Q&A 問題回應列表中」查看自己回報的問題處理的情形。

步驟01 在軟體中，點選「ODF 應用工具 (X)」→「Q&A 問題回報 (Q)」。

步驟02 第一次登錄需要註冊。輸入「名稱（自訂）」→輸入「單位代碼」→點選「驗證查詢」→輸入「電子郵件」→再輸入「驗證圖形」→按「驗證」→最後按「送出」。

步驟 03 接下來會顯示「國發會 ODF 文件應用工具隱私權條款」，選按「同意」即可。

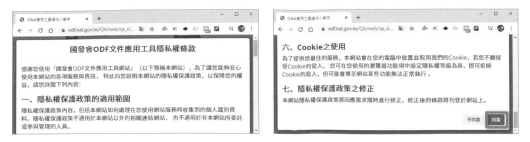

步驟 04 在「問題分類」中選擇合適的類別→在「問題標題」中輸入「欲發問的問題關鍵字」→接下來在「問題描述」中輸入「欲詢問的問題內容」→再選擇「作業系統」及「應用工具版本」→接著再輸入「驗證圖形」，再按「驗證」→最後再按「送出」。

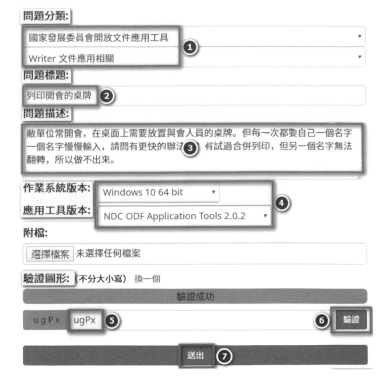

完成之後，系統會跳出如下視窗，表示問題發問成功。

**步驟05** 若要查詢問題的處理進度，可點選網頁上的「Q&A 問題回應列表」查詢。

**步驟06** 若要查詢其他使用者問過的問題，可點選網頁上的「Q&A 問題列表」。

## Q&A 搜尋

在軟體使用時，若遇到操作的問題，可先至「ODF 應用工具」中的 QA 資料庫中搜尋，看看是否有使用者已詢問過。如果有，即可直接瀏覽解決的方式；如果沒有則可以在系統中發問。

**Step01** 在軟體中,點選「ODF 應用工具 (X)」→「Q&A 搜尋 (S)」。

**Step02** 點選所要瞭解的問題列表,即可進入教學內容。

---

### 機關範本中心

如若在預設的範本中,找不到所需要的範本,而機關單位內已有設計好的範本,我們可透過【機關範本中心】的功能,從所屬單位的伺服器中下載範本供使用者使用。

### 《下載擴充套件包》

**Step01** 開啟瀏覽器,於搜尋列中輸入「國發會 ODF」,再選按「搜尋」。

**02** 點選「ODF 文件應用工具 - 國家發展委員會」的連結，即可連線至行政院國家發展委員會 ODF 下載網站。

**03** 在網站中點選「資訊系統 ODF 文件 API 工具」進入下載頁面。

**步驟04** 點選「機關範本中心安裝檔」下載擴充套件包→再點選「保留」，將資料下載至電腦中。

## 《掛載擴充套件包》

**步驟01** 在軟體中，點選「工具 (T)」→「擴充套件管理員 (E)」。

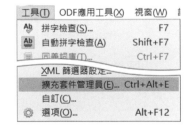

**步驟02** 點選「加入」。

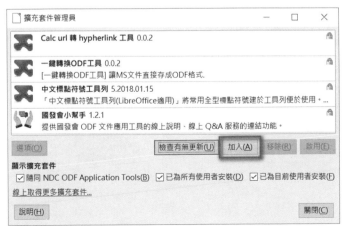

**03** 點選要加入的擴充套件，如：TemplateRepo.oxt → 再點選「開啟 (O)」。

**04** 點選「 向下捲動(S) 」的按鈕，瀏覽授權說明→再選按「接受 (A)」。

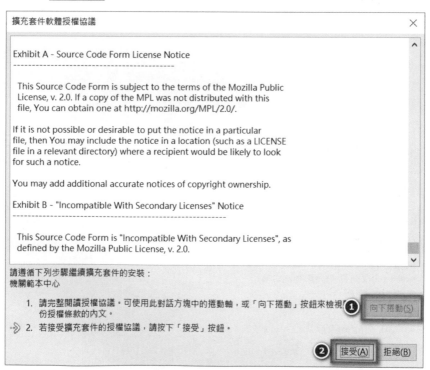

**05** 匯入資料後，點選「關閉 (C)」離開設定。

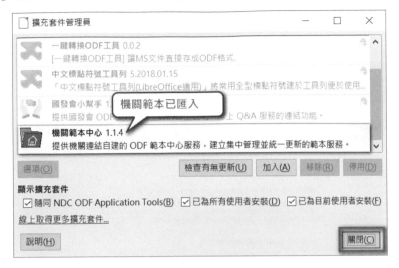

**06** 點選「立刻重新啟動 (A)」，重新啟動軟體讓設定值生效。

《安裝 JRE》

若使用者的電腦中已有安裝最新版的 Java，安裝完擴充套件後，即可重新啟動 NDC ODF Application Tools；但是若沒有安裝最新版的 Java，在重新啟動 NDC ODF Application Tools 時，就會被要求安裝 JRE。

**步驟01** 開啟瀏覽器，至 Java 下載頁面 https://java.com/zh_TW/download/ ，按下「免費 Java 下載」。

**步驟02** 在閱讀完授權相關說明後，按下「同意並開始免費下載」，即可下載最新版的 Java 安裝程式。

步驟03 在「 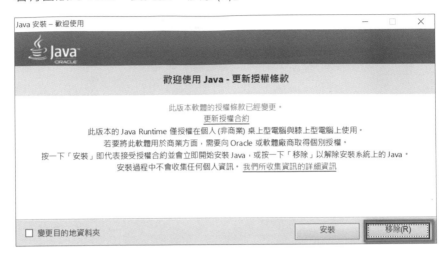 」圖示上，快點滑鼠左鍵二下進行安裝。安裝前，系統會進行偵測，如若有舊版的 Java，要先按「移除 (R)」。

步驟04 接下來，系統會自動安裝剛下載的最新版 Java。

**05** 安裝過程中，若還有舊的資料，即可按「解除安裝 (U)」，否則該步驟會跳過。

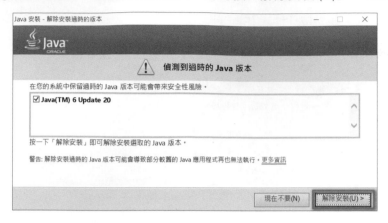

**06** 接下來，選按「下一步」。

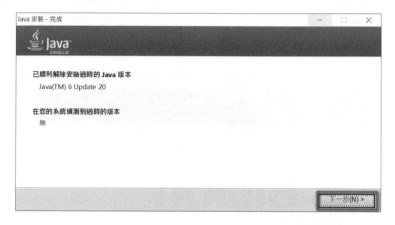

**07** 安裝完成後，選按「關閉 (C)」，然後重新啟動 NDC ODF Application Tools。

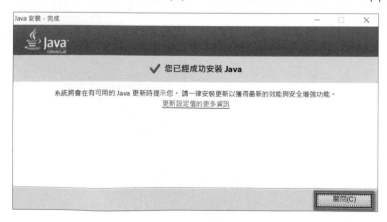

《啟用 JRE》

**01** 在軟體中，點選「工具 (T)」→「選項 (O)」。

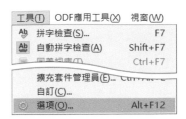

**02** 點選【NDC ODF Application Tools】項下的「進階」→勾選「☑ 使用 Java 執行時期環境」→再點選「◉ Oracle Corporation」→最後選按「確定」並重新啟動 NDC ODF Application Tools 即可。

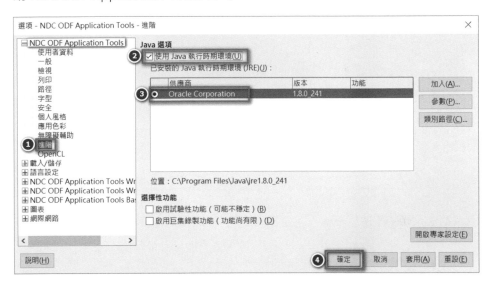

《同步機關範本》

**01** 在軟體中，點選「ODF 應用工具 (X)」→「機關範本中心 (A)」。

**02** 系統會請使用者確認伺服器連線，選按「確定」即可。

**03** 點選「伺服器設定 (B)」，設定伺服器連線。（註：所屬機關內必須要建置伺服器，否則沒有作用）。

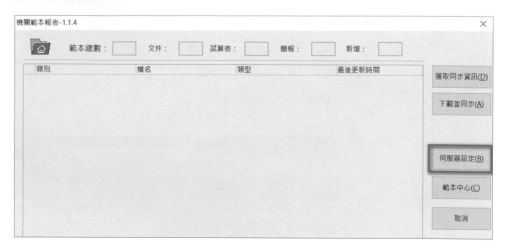

**04** 輸入「伺服器 IP」→輸入「連接埠 (A)」→選擇「HTTP/S」類別→再點選「儲存 (B)」。

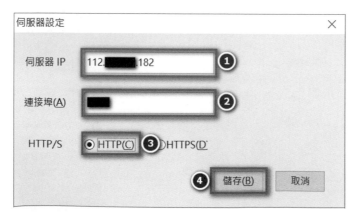

**05** 回到設定視窗，再點選「獲取同步資訊 (D)」。

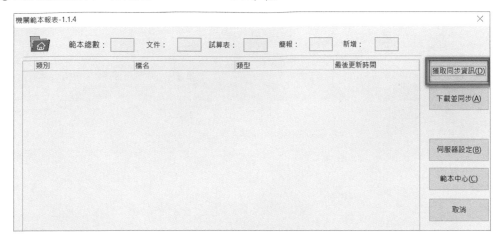

**06** 同步後，點選「確定」回到設定視窗。

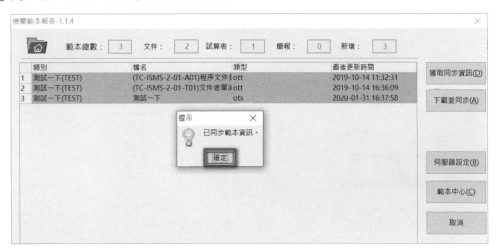

**07** 點選「下載並同步 (A)」。

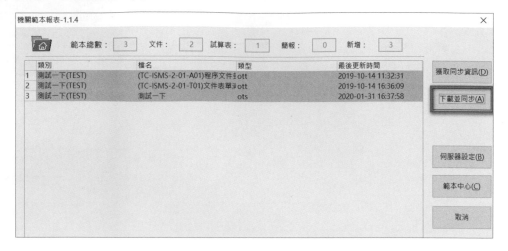

**08** 點選「確認 (A)」進行資料同步。

**09** 完成同步後，點選「確定」，重新啟動 NDC ODF Application Tools 即可。

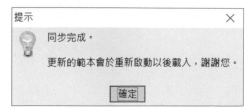

## 《開啟機關範本》

**01** 在軟體中，點選「檔案 (F)」功能表中的「新增 (N)」→再點選「範本 (C)」。

**02** 點選所需要的範本，如：臺中市政府程序文件 → 再按「開啟」。

完成之後，即可在編輯區中看到所開啟的
範本文件。

## 1.4　將 Microsoft Office 文件轉換為開放文件格式

「國家發展委員會 ODF 文件應用工具（NDC ODF Application Tools）」雖是衍生
自 LibreOffice 軟體，但本質上和 LibreOffice 是一樣的，它是一套跨平台的辦公室
軟體，可以在 Windows、Mac 及 Linux 等作業系統中執行，檔案儲存的格式為開放
文件 ODF 格式。

而說到辦公室的應用軟體，除了本書介紹的「國家發展委員會 ODF 文件應用工具
（NDC ODF Application Tools）」之外，市面上較常見的則是由微軟公司發行的
Microsoft Office 辦公軟體，其檔案儲存的格式為專用格式，如：docx、xlsx…。

一般而言，檔案採用專用格式就必須以特定的軟體才能將其開啟，對於資料的永續
保存是存有風險的！而開放文件格式則提供一個取代私有專利文件格式的一個方案，
這也是近年來許多單位採用 ODF 的原因之一。

然而在多數使用者的電腦中，長久以來都是透過 Microsoft Office 製作完成文件，
若考量文件保存的問題，就必須將其轉換成開放文件 ODF 格式。一般而言，大多數
的使用者都是將檔案開啟，以『另存新檔』的方式進行文件格式的轉換。但是，當
文件數量一多，另存新檔的操作方式顯然非常沒有效率，此時，可以透過 NDC ODF
Application Tools 軟體中的「精靈」幫我們完成文件的批次轉換！

**步驟01** 開啟 NDC ODF Application Tools 任一個軟體，如：Writer 文件。點選「檔案
(F)」功能表項下的「精靈 (W)」→ 再點選「文件轉換器 (C)...」。

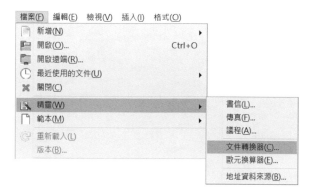

**步驟02** 點選欲轉換的文件類型，如：Word 文件、Excel 文件、PowerPoint/Publisher
文件 → 取消勾選「□ 建立記錄檔 (O)」 →「下一步 (X)>」。

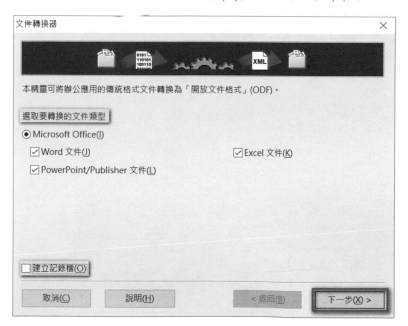

**03** 視情形勾選檔案類型，如：Word 範本或 Word 文件。本範例以一般文件的轉換作為說明。

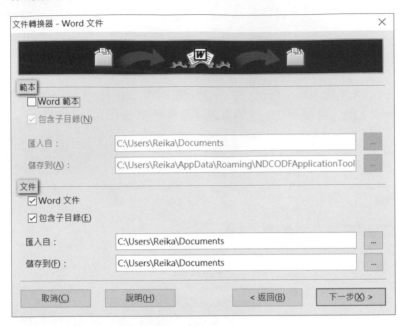

**04** 在「匯入自」的地方點選文件的來源位置。

05 選擇「文件的來源位置」，如：ODF 導入相關資料 → 再點選「選擇資料夾」。

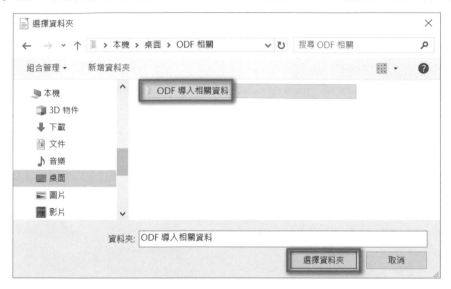

06 在「儲存到 (F)」的地方點選文件的存放位置。

**07** 選擇「文件的存放位置」，如：ODF 導入相關資料 → 再點選「選擇資料夾」。

**08** 選按「下一步 (X)>」。

**09** 完成了 Word 文件的設定之後，接下來是 Excel 文件，視情況勾選文件類型，如：
Excel 文件，再選按「下一步 (X)>」。

**10** 完成了 Excel 文件的設定之後，接卜來是 PowerPoint 文件，視情況勾選文件類
型，如：PowerPoint/Publish 文件，再選按「下一步 (X)>」。

文件轉換器 - PowerPoint/Publisher 文件 　　　　　　　　　　×

範本
☐ PowerPoint 範本
　☑ 包含子目錄(N)
　匯入自：　　C:\Users\Reika\Documents
　儲存到(A)：　C:\Users\Reika\AppData\Roaming\NDCODFApplicationTool

文件
　☑ PowerPoint/Publisher 文件
　☑ 包含子目錄(E)
　匯入自：　　C:\Users\Reika\Desktop\ODF 相關\ODF 導入相關資料
　儲存到(F)：　C:\Users\Reika\Desktop\ODF 相關\ODF 導入相關資料

　取消(C)　　說明(H)　　　　< 返回(B)　　下一步(X) >

步驟 11 檢查欲轉換的文件相關位置，若無誤，再點選「轉換 (C)」。

步驟 12 接下來，電腦會顯示文件的數目，並開始進行文件的轉換。

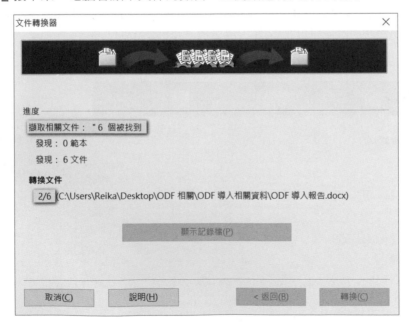

**13** 文件轉換完成之後，點選「關閉」。

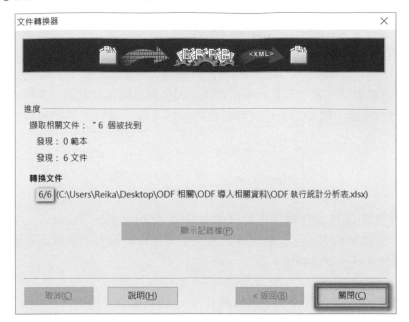

**14** 開啟存放的資料夾，即可看到轉換後的檔案。

## 1.5 將文件轉換為其他格式

編輯完成的文件，有時候因為要與其他單位流通，因此需要轉換為不同的文件格式。本單元透過簡單的介紹，讓使用者可以將編輯完成的文件，儲存成不同的格式，便於資料的傳遞與交換。

### 「PDF 格式」

在「國家發展委員會 ODF 文件應用工具（NDC ODF Application Tools）」中由於該軟體已提供多款檔案格式，因此編輯完成的文件無需再仰賴其他的輔助軟體，即可讓使用者輕鬆的進行文件的轉換。

**01** 點選「檔案 (F)」功能表項下的「匯出為 (E)」→再點選「匯出為 PDF(E)」。

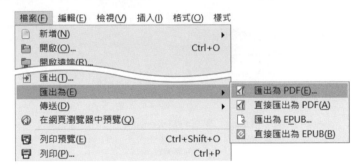

STEP02 點選「一般」的標籤 → 設定轉換的「範圍」，如：全部 (A) → 設定文件中「影像」處理方式，如：JPEG 壓縮 →「匯出 (X)」。

STEP03 輸入「檔案名稱 (N)」，如：ODF 導入報告 → 選按「存檔 (S)」，回到資料夾之後，即可看到轉換完成的 PDF 文件。

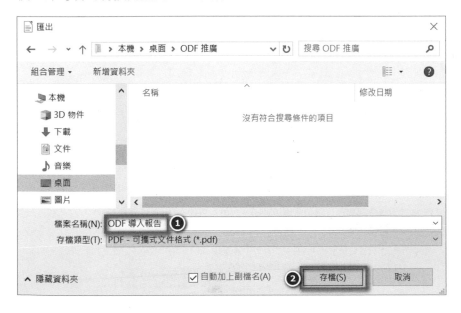

## 「Microsoft Office 格式」

若是檔案的交換一定要採用 Microsoft Office 的專用格式，LibreOffice 中也有提供，只要透過「另存新檔」即可完成。

01 點選「檔案 (F)」功能表 →「另存新檔 (A)」。

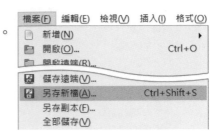

02 輸入「檔案名稱 (N)」，如：ODF 導入報告 → 設定文件的存檔類型 (T) 為「Word 2007-2019（*.docx）」→ 再選按「存檔 (S)」。

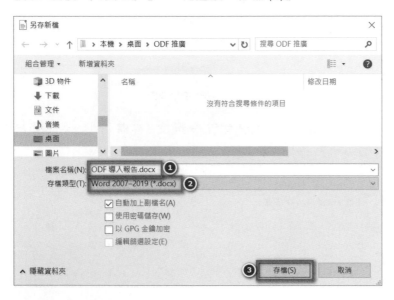

03 系統會出現警告的提示訊息，選按「使用 Word 2007-2019 格式 (U)」按鈕。

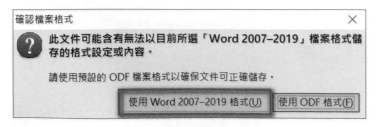

回到資料夾中，即可看到儲存完成的檔案。

## 1.6 將文件內容加密

有時候文件的內容帶有機密的資訊，若不希望任何人都可隨意開啟瀏覽內容，可將文件用密碼鎖住，讓想要觀看內容的使用者，必須要透過輸入密碼的步驟才能開啟文件的內容，這種文件稱之為「加密文件」。

**步驟01** 點選「檔案 (F)」功能表 → 「另存新檔 (A)...」。

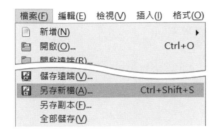

**步驟02** 輸入「檔案名稱 (N)」，如：ODF 導入報告 → 再勾選「 使用密碼儲存 (W)」 → 按「存檔 (S)」。

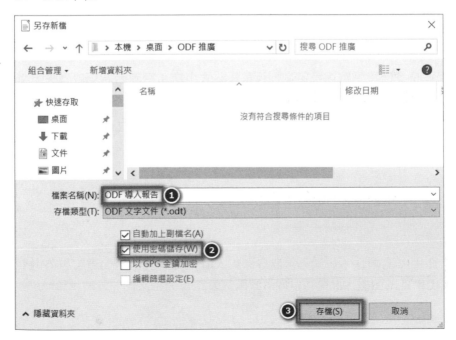

**步驟03** 在檔案加密密碼之處設定「輸入密碼以開啟 (E)」及「確認密碼 (A)」，然後按「確定」。

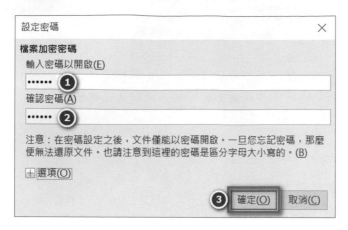

**步驟04** 設定完成後，當文件被開啟，系統即會要求輸入密碼。

---

### 小百科

設定密碼時，僅接受數字及英文，且有區分大小寫；密碼若忘記或遺失，文件將永遠無法開啟，請妥善保管密碼。

---

## 1.7 取消文件內容加密

有時候文件用密碼鎖住，每次必須要透過輸入密碼的步驟才能開啟文件的內容，反而會造成使用上的困擾，此時可以取消密碼的設定，簡化文件開啟的步驟。

**步驟01** 點選「檔案 (F)」功能表 → 「另存新檔 (A)」。

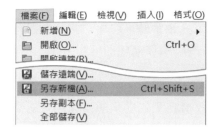

**步驟02** 輸入「檔案名稱 (N)」，如：ODF 導入報告 → 取消勾選「□使用密碼儲存 (W)」→ 按「存檔 (S)」。

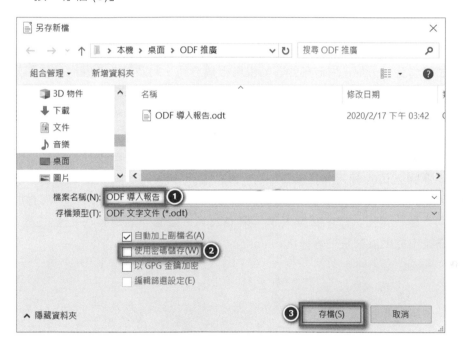

**步驟03** 選按「是 (Y)」，取代舊有檔案。

設定完成後，當文件再次被開啟，系統即不會再要求輸入密碼。

# 101 招學會 LibreOffice 實戰篇　聲明啟事

本書乃筆者多年來，參與各縣市政府單位推動 ODF 政策時，各單位提出在工作上相關的問題，經由彙整統計後，遴選 101 個較常見的應用作為範例解說。

本書中的實戰篇，除了問題描述之外，教學內容所有提及的解說、示範範例與資料皆為杜撰，相關文字與數字，僅提供筆者作為教學範例的功能解說之用，皆與相關業務單位或直屬／隸屬機關無任何關係，為避免造成混淆或困擾，特此聲明之。

書中各單元的教學內容，非常感謝如下各個單位的研習邀請以及同仁們的提問與交流：國家發展委員會、行政院人事行政總處公務人力發展學院、行政院農業委員會、內政部、交通部中央氣象局、交通部高速公路局、經濟部人事處、財政部財政資訊中心、財政部北區國稅局、財政部臺北國稅局、財政部北區國稅局花蓮分局、財政部北區國稅局宜蘭分局、財政部北區國稅局板橋分局、財政部北區國稅局桃園分局、財政部北區國稅局新竹分局、財政部北區國稅局竹北分局、宜蘭縣政府、宜蘭縣政府衛生局、宜蘭縣政府地方稅務局、桃園市政府地方稅務局、新竹市政府地方稅務局、台灣中油股份有限公司、台灣糖業股份有限公司、臺北市政府公務人員訓練處、臺北市政府資訊局、臺中市政府、臺中市政府財政局、高雄市政府公務人力發展中心、環境保護人員訓練所、屏東縣政府、國立臺灣美術館、國立宜蘭大學、國立臺灣科技大學、國立臺北大學、國立雲林科技大學、國立虎尾科技大學、國立成功大學、大同大學、東吳大學、玄奘大學、東海大學、臺北榮民總醫院、國立成功大學醫院、高雄市立凱旋醫院…等單位。

# 第 2 章

# 101 招之 Writer 文書　實戰篇

## 001　MS Office 的文件如何轉存成 ODF 格式？

　　政府推動開放文件標準格式 (ODF) 作為國家文件的交換標準，各單位的文件交換也開始採用 ODF 格式，但電腦裡已經有先前採用商業軟體所儲存的文件，要如何才能將他們轉換成 ODF 格式呢？

### 觀念說明

ODF 文件的特色，就是希望能做到和 HTML 格式一樣，無論使用者的電腦中使用的辦公文書軟體是哪個廠牌、哪個版本，都能夠無障礙的開啟文件，進行瀏覽和編輯。

但大多數使用者電腦中的文件皆是由商業軟體製作而成，想要能無障礙的流通，首先要轉存成 ODF 格式的文件；而封閉式的商業文件如果要轉存為 ODF 格式，一般而言，必須要先將文件開啟，再透過「另存新檔」或「一鍵轉換 ODF」的方式，將它們轉存成 ODF 格式。

### 錦囊妙計

**方法一：**

圖01 對 docx 檔案按滑鼠右鍵，透過「NDC ODF Application Tools Writer」開啟「欲轉換的文件」。

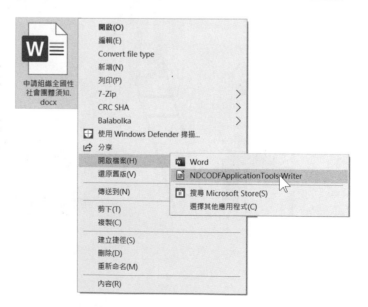

步驟02 點選「檔案 (F)」功能表中的「另存新檔 (A)」。

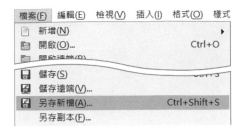

步驟03 點選「檔案儲存路徑」，如：桌面→點選「存檔類型 (T)」為「ODF 文字文件 (.odt)」→再按「存檔 (S)」。

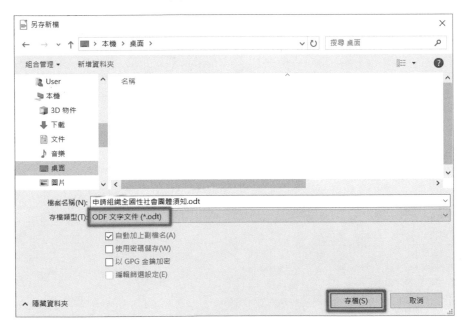

完成設定之後，桌面上即會有一個相同檔名的 ODF 格式文件。

申請組織全國性
社會團體須知.
odt

**方法二：**

**01** 對 docx 檔案按滑鼠右鍵，透過「NDC ODF Application Tools」開啟「欲轉換的文件」。

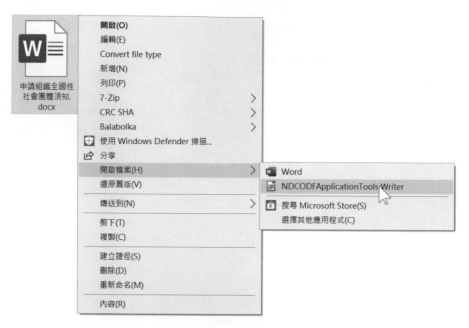

**02** 點選「檔案 (F)」功能表中的「一鍵轉換 ODF(G)」。

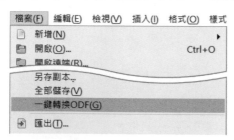

**03** 轉換完成之後，系統會出現一個訊息視窗，選按「確定 (A)」。

完成設定之後，原始檔案存放的位置即會有一個相同檔名的 ODF 格式文件。

☀ 小百科

透過「另存新檔」或「一鍵轉換 ODF」功能轉換而成的 ODF 文件，開啟時並不會在編輯區中看到銀灰色的「網格」，但其實文件本身還是會被「網格」限定住排版，故仍然要至「格式 (O)」功能表中的「頁面 (P)」將「文字網格」修改為「◉不使用網格」，文件才能正確排版。

---

**002　文件要如何做批次轉檔成 ODF 文件？**

　　電腦有許多商業軟體所儲存的文件，一個一個開啟儲存成 ODF 格式是非常棘手的一件事，要如何才能將所有的文件快速轉換成 ODF 格式呢？

---

### 觀念說明

文件如果要轉存為 ODF 格式，一般而言，必須要先將文件開啟，再透過「另存新檔」或「一鍵轉換 ODF」的方式，將它們一一轉存成 ODF 格式。

但當電腦中的文件數量龐大，無論是「另存新檔」或是「一鍵轉換 ODF」皆缺乏效率。透過「批次轉換」，可以一次性地將資料夾中所有的商業文件轉存成 ODF 格式。

不過，值得注意的是，如果文件有加密，就必須在轉換時輸入密碼方可轉換，若密碼錯誤或略過，則該檔案就不會被轉換。

---

### 錦囊妙計

**01** 開啟「NDC ODF Application Tools」→點選「檔案 (F)」功能表中「精靈 (W)」項下的「文件轉換器 (C)」。

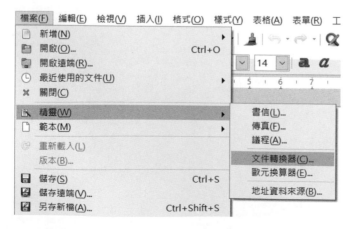

**02** 勾選「欲轉檔的文件」，如下圖→取消勾選「建立記錄檔 (O)」→再按「下一步 (X) >」。

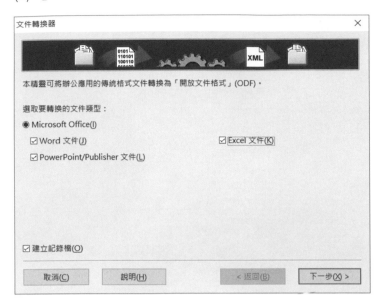

**03** 視實際情形勾選「☑Word 範本」→點選「匯入自：」後方的「...」設定來源位置 →點選「儲存到 (A)：」後方的「...」設定轉檔文件儲存的位置→勾選「☑Word 文件」→點選「匯入自：」後方的「...」設定來源位置→點選「儲存到 (F)：」 後方的「...」設定轉檔文件儲存的位置→再按「下一步 (X) >」。

文件轉換器 - Word 文件　　　　　　　　　　　　×

範本
　☑ Word 範本
　☑ 包含子目錄(N)
　匯入自：　　C:\Users\User\Desktop\108年度行政　　...
　儲存到(A)：　C:\Users\User\Desktop\108年度行政　　...
文件
　☑ Word 文件　　　　　　　　由此設定資料的位置
　☑ 包含子目錄(E)
　匯入自：　　C:\Users\User\Desktop\108年度行政　　...
　儲存到(F)：　C:\Users\User\Desktop\108年度行政　　...

取消(C)　　說明(H)　　< 返回(B)　　下一步(X) >

**04** 點選「下一步 (X) >」。

**05** 點選「下一步 (X) >」。

**06** 檢查文件的路徑是否正確，再選按「轉換 (C)」。

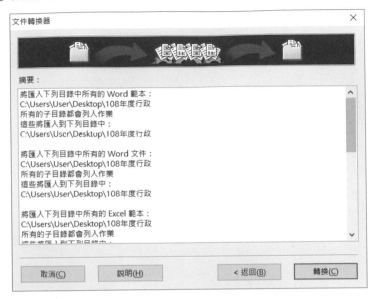

**07** 系統開始進行文件的轉換，轉換完成後選按「關閉 (C)」。

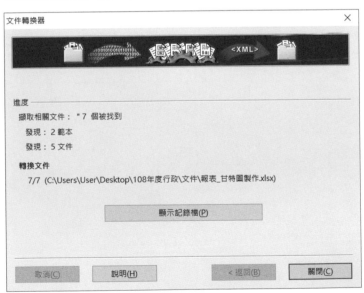

完成設定之後，資料夾中的檔案即會「成雙成對」，除了原先的檔案之外，還會有一個 ODF 格式的檔案。

☼ 小百科

透過「文件轉換器」轉換而成的 ODF 格式文件，開啟時並不會在編輯區中看到銀灰色的「網格」，但其實文件本身還是會被「網格」限定住排版，故仍然要至「格式 (O)」功能表中的「頁面 (P)」將「文字網格」修改為「◉不使用網格」，文件才能正確排版。

## 003　要如何將資料儲存成 PDF 格式？

編輯完成的文件，有時候因為要與其他單位流通，為了避免內容跑版，想要先將文件轉換成 PDF 格式，該怎麼設定呢？

### 觀念說明

在 Microsoft Office 編輯完成的文件，若要轉換成 PDF 格式文件，可透過「另存新檔」的方式，將整份文件轉換成 PDF 格式，而如果僅要轉換局部的內容，仍需仰賴 CutePDF 之類的輔助軟體才能進行轉換。

而在 NDC ODF Application Tools 已經支援多種檔案格式，因此編輯完成的文件無論是整份文件或是局部內容，皆無需再仰賴其他的輔助軟體，使用者可以直接進行 PDF 格式文件的轉換。

另外，如果轉換的 PDF 文件，希望能不被使用者列印、修改或複製，還可以透過轉換時密碼的設定，限制使用者的權限。

### 錦囊妙計

#### 一般 PDF 轉換

**01** 開啟「欲轉換的文件」→點選「檔案 (F)」功能表中「匯出為 (E)」項下的「匯出為 PDF(E)」。

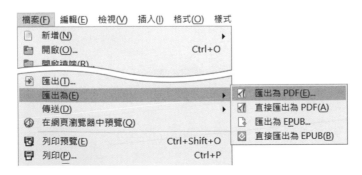

**02** 點選「一般」標籤→設定匯出的範圍，如：◉全部 (A) →設定文件中影像的處理
方式，如：◉無損壓縮 (L) →再按「匯出 (X)」。

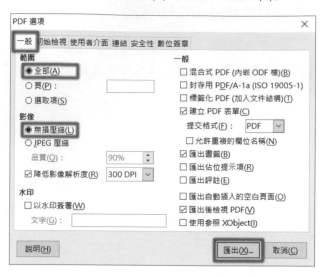

**03** 點選檔案儲存的路徑，如：桌面→輸入「檔案名稱 (N)」，如：申請組織全國性
社會團體須知→再按「存檔 (S)」。

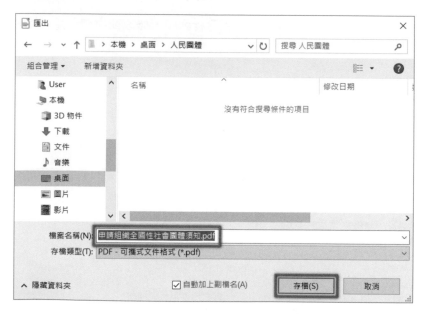

完成設定之後，在桌面上即可看到轉換完成的 PDF 文件。

申請組織全國性
社會團體須知.
pdf

## 有權限的 PDF 轉換

**01** 開啟「欲轉換的文件」→點選「檔案 (F)」功能表中「匯出為 (E)」項下的「匯出為 PDF(E)」。

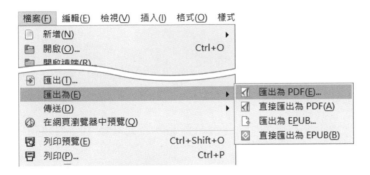

**02** 點選「一般」標籤→設定匯出的範圍，如：◉全部 (A) →設定文件中影像的處理方式，如：◉無損壓縮 (L)。

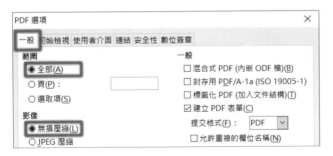

**步驟03** 點選「安全性」標籤→點選「設定密碼 (P)」。

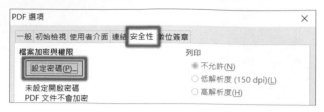

**步驟04** 設定授權密碼，如：1234 →再次輸入確認密碼 1234 →按「確定」。

```
設定密碼                          ×

設定開啟密碼
  密碼(B)：[            ]
  確認(D)：[            ]

設定授權密碼
  密碼(E)：[••••        ]
  確認(F)：[••••        ]

  [說明(H)]  [確定(O)]  [取消(C)]
```

**步驟05** 設定文件中的權限，如：不允許列印、不允許變更、不允許啟用內容複製功能→
　　　　再按「匯出 (X)」。

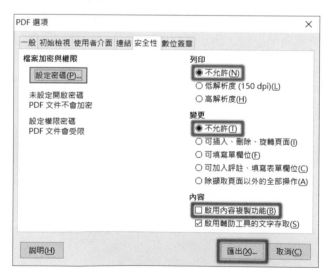

**步驟06** 點選檔案儲存的路徑，如：桌面→輸入「檔案名稱 (N)」，如：申請組織全國性
社會團體須知→再按「存檔 (S)」。

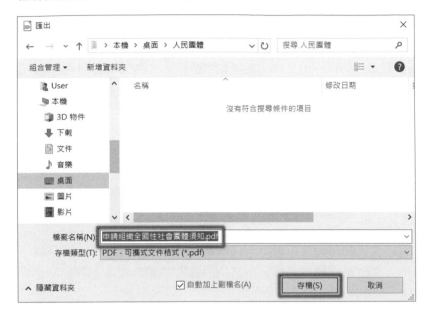

完成設定之後，PDF 文件的內容就無法進行列印、修改和複製。

## 004　文件要如何儲存成範本，讓其他使用者存檔時不會覆蓋掉？

有時我們幫單位製作一份文件，希望能當做範本檔案放在網路共用區，提供給其他使用者使用；但是很多使用者在編輯後存檔，就會變更到我們原始的檔案，造成使用上的困擾，該如何解決呢？

### 觀念說明

文件可分為二種類型：「一般文件」與「範本文件」。

「一般文件」是指文件被開啟時，會以「開啟舊檔」的方式被開啟，簡單說，就是在視窗的標題列上會出現「檔案名稱」。當使用者對內容有修改，存檔時不需要再另外取檔案名稱，可直接儲存。

「範本文件」則是指文件被開啟時，會以「開新檔案」的方式被開啟，在標題列上以「無題 + 數字」的方式呈現，如：無題 1、無題 2。當使用者對內容有修改，存檔時會以「另存新檔」的方式儲存，使用者必須另外給予檔案一個新的檔名方能儲存，如此一來，便不會修改到原始文件。

### 錦囊妙計

#### 製作範本文件 -- 外部用

**步驟01** 製作範本文件內容，如下圖：ODF 種子人員培訓申請表。

| ODF 導入辦公應用培訓<br>部門種子人員登記表 | | | 貼一吋半身照片 |
|---|---|---|---|
| 姓　　名 | | 性　　別 | |
| 部　　門 | ＿＿＿月＿＿＿日 | 員工編號 | |
| 申請科目 | ⊙ Writer 文書　○ Calc 試算表　○ Impress 簡報 | | |
| 聯絡電話 | | 電子郵件 | |
| 可安排受訓的時間 | ▢ 星期一　　▢ 星期二　　▢ 星期三　　▢ 星期四　　▢ 星期五 | | |
| 備註說明 | | | |

步驟02 點選「檔案 (F)」功能表中的「另存新檔 (A)」。

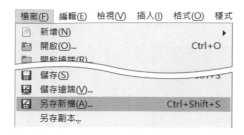

步驟03 點選「欲儲存檔案的路徑」，如：桌面→在「檔案名稱 (N)」處輸入「文件的名稱」，如：ODF 種子人員培訓申請表→選按「存檔類型 (T)」為「ODF 文字文件範本（.ott）」→再按「存檔」。

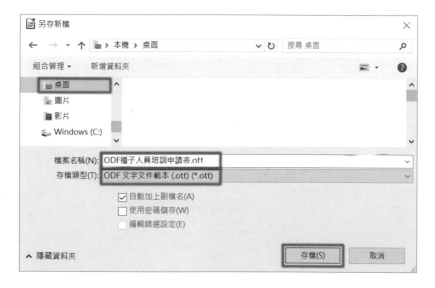

完成設定之後，使用者開啟文件就會以「開新檔案」的方式開啟這份文件，內容如果有修改，就會以「另存新檔」方式儲存。

## 製作範本文件 -- 自己用

**01** 製作範本文件內容，如下圖：ODF 種子人員培訓申請表。

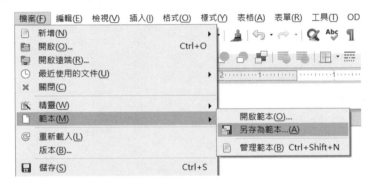

**02** 點選「檔案 (F)」功能表中「範本 (M)」項下的「另存為範本 (A)」。

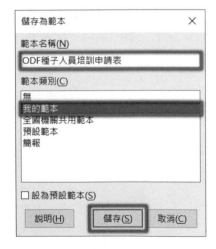

**03** 在「輸入範本名稱 (N)」輸入：ODF 種子人員
培訓申請表→點選「範本類別 (C)」為「我的
範本」→再按「儲存 (S)」。

日後如果要開啟該文件：

**步驟04** 點選「檔案 (F)」功能表中「新增 (N)」項下的「範本 (C)」。

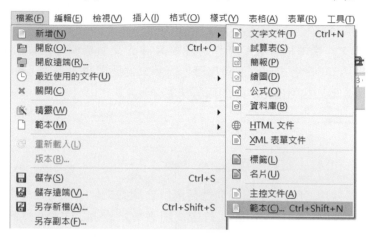

**步驟05** 點選「ODF 種子人員培訓申請表」→再點選「開啟」。

完成設定之後，文件就會以「開新檔案」的方式開啟，內容如果有修改，就會以「另存新檔」方式儲存。

## 005　文件中，若版面出現格線怎麼辦？

政府推動開放文件標準格式 (ODF) 作為國家文件的交換標準，各單位的文件交換也開始採用 ODF 格式，但不知為何，很多文件開啟後，畫面上卻出現很多的線條，令人不知如何是好，該如何解決呢？

### 觀念說明

雖說很多單位已經開始採用 ODF 標準格式進行各單位之間的文件交換，但多數的使用者仍習慣 MS Office 軟體的操作，也因此有些使用者會透過 MS Office 軟體中的「另存新檔」，將原先為「Office Open XML」格式的文件轉存為 ODF 格式的文件。

由於 MS Office 所採用的「Office Open XML」格式使用許多非標準的規範，造成與其他 Office 軟體有不相容的情形（見維基百科 Office Open XML 條目：https://zh.wikipedia.org/wiki/Office_Open_XML），因此透過 MS Office 所儲存的 ODF 文件開啟時，頁面就會出現類似表格框線的線條，這就稱之為「網格」。

「網格」的出現不僅防礙閱讀，也影響了整體文件的正確性。除此之外，在文件排版的同時，段落之間的行距與前後段文字的間距也會無法調整，甚至表格中的文字也不能進行垂直對齊設定。

我們可以透過「文字網格」的設定取消網格，但這個方式並非萬靈丹，不一定能套用到所有的文件上。

## 錦囊妙計

**STEP 01** 開啟「欲修改的文件」。

**STEP 02** 點選「格式 (O)」功能表中的「頁面 (P)」。

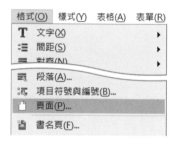

**STEP 03** 點選「文字網格」標籤→勾選「◉不使用網格 (A)」→再按「確定」。

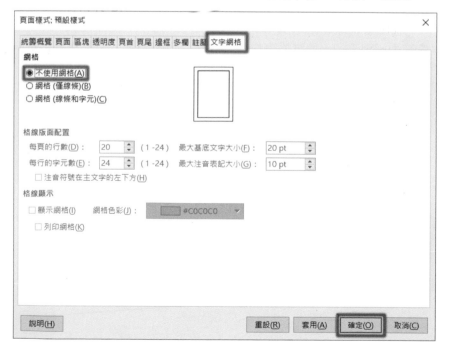

完成設定之後，頁面上銀灰色的格線就會取消，文件就能正常進行排版了。

☀ 小百科

文件中的「網格」乍看之下和試算表的「框線」非常雷同，差別是文件中的「網格」是會被列印出來的，但試算表中的「框線」若無設定，預設是不會被列印出來的！

## 006　要如何快速刪除定位點（→）設定？

　　文件中，為了讓文字能對齊，所以採用了定位點設定，但是後來想要取消定位點，明明就已經將設定刪除了，為什麼文件中還有很多『箭頭（→）』的符號，要怎麼才能快速刪除？

### 觀念說明

定位點的功能是文件在不使用表格的情形下，讓文字出現在指定的位置並對齊。它的設定需要兩個步驟，一是設定文字欲出現的位置，二是搭配鍵盤的「TAB」鍵，設定才能生效。因此在取消定位點設定時，除了取消「位置的設定」之外，也必須要刪除文件中按「TAB」鍵所產生的「箭頭（→）」標記，才能真正的取消定位點設定。

### 錦囊妙計

### 定位鍵設定

步驟01 選取「欲設定的文字範圍」。

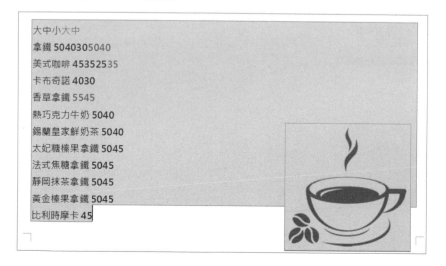

步驟02 點選「格式 (O)」功能表中的「段落 (A)」。

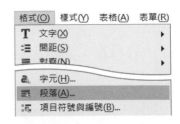

步驟03 點選「定位點」功能標籤

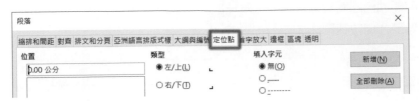

步驟04 設定「文字要對齊的位置」，如：4 公分→再按「新增 (N)」。

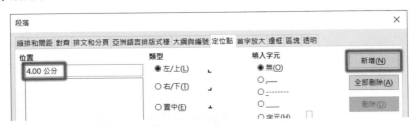

步驟05 以此類推，全部設定完成後，再按「確定」。

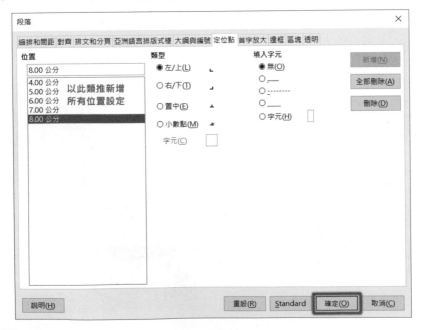

STEP06 回到編輯區後，再到文字設定處，選按鍵盤「TAB」鍵，即可讓文字跳到指定的位置並對齊。

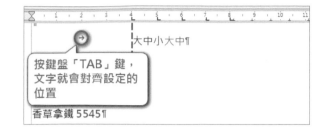

**取消定位鍵**

STEP01 選取「欲設定的文字範圍」。

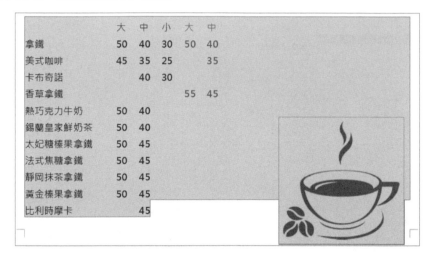

STEP02 點選「格式 (O)」功能表中的「段落 (A)」。

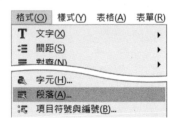

**03** 點選「定位點」功能標籤

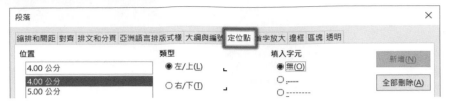

**04** 點選「全部刪除 (A)」→再按「確定」。

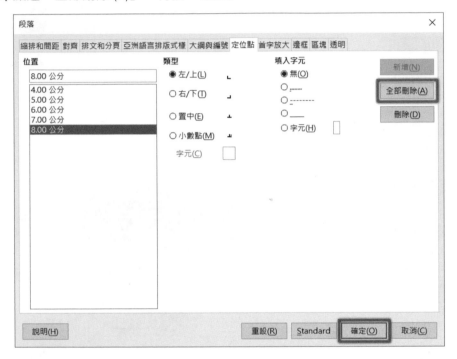

**05** 回到編輯區後，點選「編輯 (E)」功能表中的「尋找與取代 (L)」。

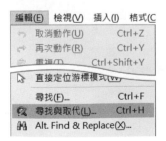

**步驟06** 在「尋找 (F)」的位置輸入「\t」→再勾選「☑ 常規表述式 (E)」→最後再按「全部取代 (L)」。

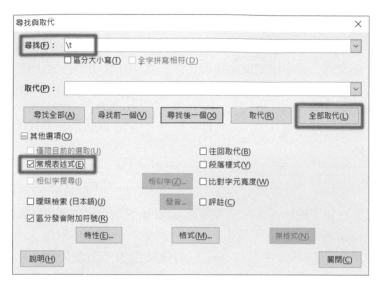

**步驟07** 最後按下「關閉 (C)」，回到編輯區中，即可取消定位點設定。

## 007　文件中，要如何快速刪除換行標記？

　　有時候拿到一份文件，或是從網頁中複製下來的文字，在每一行文字最後面會有換行標記（↓ 或 ← ），要如何快速將它們刪除，讓下一行的文字可以接續在後面？

### 觀念說明

「換行標記」是使用者在特定的地方，希望文字能出現在下一行的位置時，所做的設定。一般而言都是按鍵盤的「Shift + Enter」鍵所產生的，所以也稱為「手動換行」，在 Microsoft Office 的 Word 中是以「↓」的符號呈現，而在 Writer 中則是以「←」符號呈現。

### 錦囊妙計

**01** 選取「欲設定的文件範圍」。

```
　　　　　　「108 年 ODF 開放格式推廣中心營運計畫」¶
　　　　　　　　　　　契約書（草案）¶
　　　　　　　　　　　　　　　　　　　　（102.12.12 修正）¶
招標機關·中華民國軟體自由協會·(以下簡稱機關)及←
得標廠商·上鈞資訊股份有限公司·(以下簡稱廠商)←
雙方同意依政府採購法(以下簡稱採購法)及其←
主管機關訂定之規定訂定本契約，共同遵守，←
其條款如下：¶
```

**02** 點選「編輯 (E)」功能表中的「尋找與取代 (L)」。

**03** 在「尋找 (F)」的位置輸入「\n」→再勾選「☑ 僅限目前的選取 (U)」及「☑ 常規表述式 (E)」→選按「全部取代 (L)」→最後再按「關閉 (C)」。

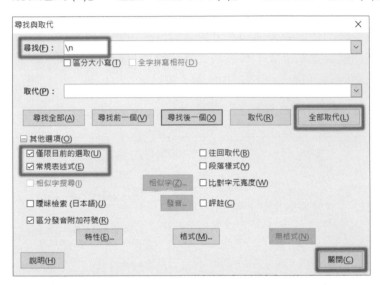

回到編輯區之後，原先被強迫分行的地方，後方的文字就會接續。

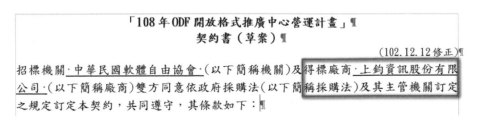

## 008　文件中，要如何快速刪除分頁設定？

　　拿到一份文件，但是發現文件中有好多分頁的標記，想要將它們取消重新排版，該怎麼做才好呢？

### 觀念說明

一般而言，文件在排版時會將「標題」放在頁面的最上方，因此如果「標題」沒有在頁面最上方時，大多數的使用者會透過「分頁」的方式，使其放置於下一個頁面的最上方。但如果文件需要重新排版，就必須要將「分頁」的標記取消，方便進行新版面的編排。

### 錦囊妙計

**分頁標記設定**

步驟01 將「游標」放置於「欲分頁的文字」前面。

步驟02 點選「格式 (O)」功能表中的「段落 (A)」。

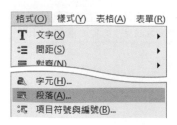

STEP**03** 點選「排文和分頁」功能標籤→勾選「隔斷符」類別中的「☑ 插入」→類型為
「頁」→最後再按「確定」。

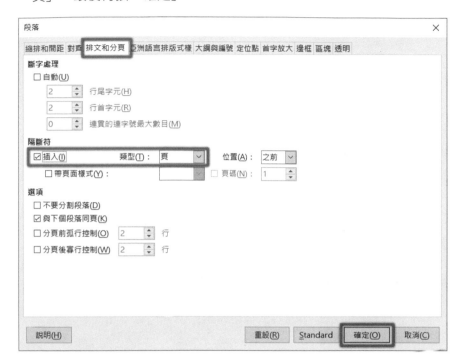

回到編輯區中，文字就會強迫分頁，放到下一個頁面的最上方。

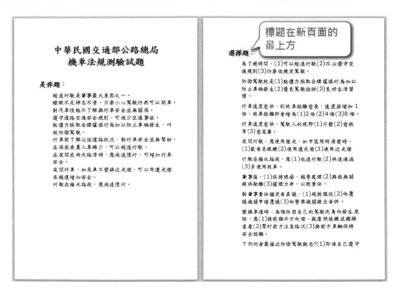

透過「▯（單頁檢視）」還能在頁面與頁面銜接處，看到「分頁線符號」。

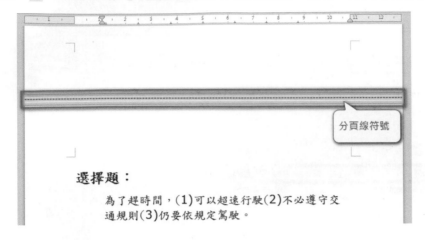

分頁線符號

選擇題：

為了趕時間，(1)可以超速行駛(2)不必遵守交
通規則(3)仍要依規定駕駛。

取消分頁設定

**A. 取消單一分頁線：單純要取消一個標題的分頁線設定。**

步驟01 將「游標」放置於「欲取消分頁的標題段落」中。

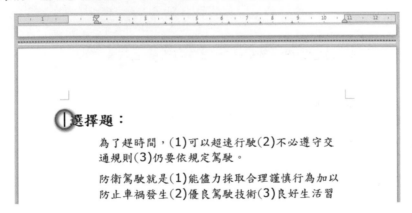

選擇題：

為了趕時間，(1)可以超速行駛(2)不必遵守交
通規則(3)仍要依規定駕駛。

防衛駕駛就是(1)能儘力採取合理謹慎行為加以
防止車禍發生(2)優良駕駛技術(3)良好生活習

步驟02 點選「格式 (O)」功能表中的「段落 (A)」。

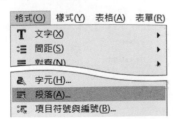

**STEP 03** 點選「排文和分頁」功能標籤→將「隔斷符」類別中「☑ 插入」的勾勾取消→最後再按「確定」。

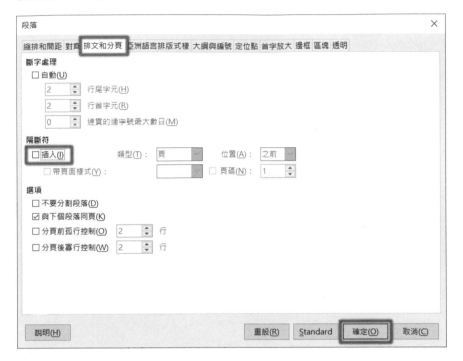

回到編輯區中，即可取消文件中的分頁設定。

標題與上方的文字放在同一頁

**B. 取消全部分頁線：快速刪除所有文件中的分頁線設定。**

步驟01 首先下載『AltSearch.oxt』外掛套件：https://extensions.libreoffice.org/
extensions/alternative-dialog-find-replace-for-writer/1-4.2/@@download/
file/AltSearch.oxt( 或輸入短網址：http://bit.ly/AltSearch)

AltSearch.oxt

步驟02 點選「工具 (T)」功能表中的「擴充套件管理員 (E)」。

步驟03 點選「加入 ...(A)」。

步驟**04** 點選下載的「AltSearch.oxt」套件，再按「開啟」。

步驟**05** 結束 Writer 軟體及其他軟體，將 Writer 重新啟動。

步驟**06** 點選「編輯 (E)」功能表中的「Alt Find & Replace(X)」。

**圖07** 依序輸入相關資料，如下圖。

　　\m
　　\r
　　勾選「Regular expressions(F)」
　　選按「Replace all(C)」
　　再按「Close」

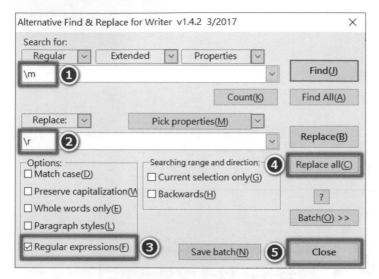

回到編輯區中，即可取消文件中所有的分頁設定。

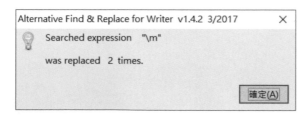

## 009 文件中，要如何設定超連結？

製作文件時，有些補充資料放在網路上，所以希望使用者點選圖片或文字，即可連結到網站上的資源，該如何設定呢？又要如何取消呢？

### 觀念說明

所謂的「連結」是使用在網頁的一種技術，也稱為「超連結」（Hyperlink），它是指從目前的畫面透過文字、圖片或按鈕，開啟另一個檔案、軟體或網頁的設定。

### 錦囊妙計

**「開啟網頁」的超連結設定：可開啟指定的網頁頁面**

01 選取「欲設定的文字或圖片」，如：LibreOffice。

### 第1章、**LibreOffice** 是什麼

#### 1.1.做得更多–輕鬆又快速

LibreOffice 是套強大的辦公套裝軟體；清晰的介面、強大的工具，讓您發揮創意並提昇產力。
LibreOffice 整合許多應用程式，使其成為當今市場上最強大的自由與開源辦公軟體，包括：
Writer，文書處理；Calc，試算表計算；Impress，簡報製作；Draw，繪圖與流程圖表；
Base，資料庫與其前端介面；Math，數學編輯等。

02 點選「插入 (I)」功能表中的「超連結 (H)」。

**STEP03** 點選「網際網路」

在「URL：」的位置輸入「欲連結的網址」，如：https://zh-tw.libreoffice.org/

再設定「文字 (X)」中「欲顯示的文字」，如：LibreOffice

接著，再選擇「表單 (O)」的類別，如：文字

最後選按「確定」即完成設定。

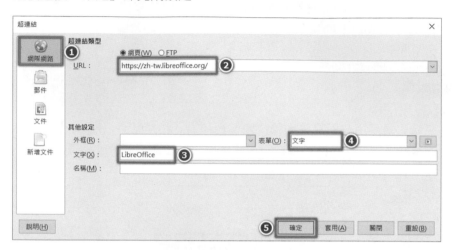

回到編輯區後，文字上方就會具有超連結的功能，按著「Ctrl 鍵」再點選滑鼠「左鍵」，即可開啟連結的頁面。

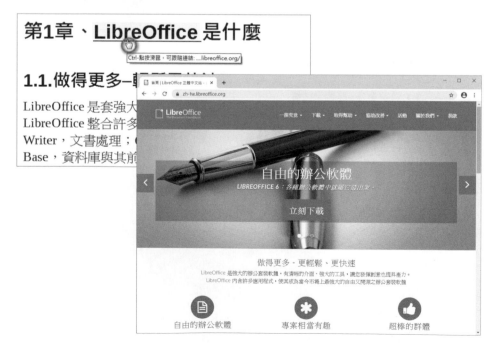

**「開啟郵件」的超連結設定：可開啟一個新的電子郵件來撰寫**

步驟01 選取「欲設定的文字或圖片」，如：提供新點子。

**1.4.利用擴充套件增添各式各樣的功能**

除了預設提供的許多功能外，LibreOffice 可以輕鬆透過強大的擴充機制來擴充功能。在我們的平臺上取得更多功能與文件範本。

**1.5.堅持 FreeasinFreedom，不只現在，更是永遠**

LibreOffice 是自由與開源的軟體，我們採取開放式開發，歡迎有興趣的人參與，也歡迎大家提供新點子。我們的軟體每日皆有廣大且熱誠的使用者社群測試與使用；當然，你也能成為一分子並影響後續的發展。

步驟02 點選「插入 (I)」功能表中的「超連結 (H)」。

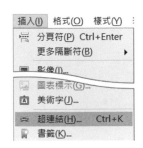

步驟03 點選「郵件」
　　　 在「收件人 (C)：」的位置輸入「欲連結的 email」，如：ossacc@gmail.com
　　　 在「主旨 (S)：」的位置輸入「信件標題」，如：我想提供新點子
　　　 再設定「文字 (X)」中「欲顯示的文字」，如：提供新點子
　　　 接著，再選擇「表單」的類別，如：文字
　　　 最後選按「確定」即完成設定。

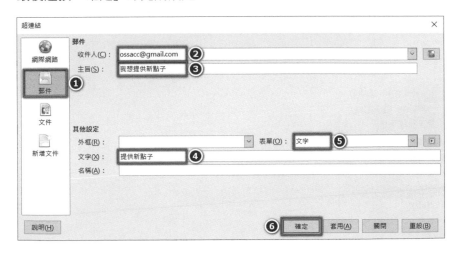

103

**04** 回到編輯區後,文字就會帶有連結,只要同時按下「Ctrl 鍵」和滑鼠「左鍵」, 即可開啟預設的郵件軟體,進行郵件內容的撰寫。

**「開啟檔案」的超連結設定:可開啟指定的文件檔案**

**01** 選取「欲設定的文字或圖片」,如:旅遊導覽小手冊。

**02** 點選「插入 (I)」功能表中的「超連結 (H)」。

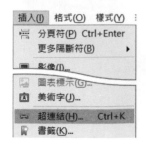

**03** 點選「文件」

在「路徑 (P)：」的位置點選「 🗔 （開啟舊檔）」

再選取「欲開啟的文件檔案」，如：平溪旅遊導覽小手冊

接著，再選按「開啟舊檔」。

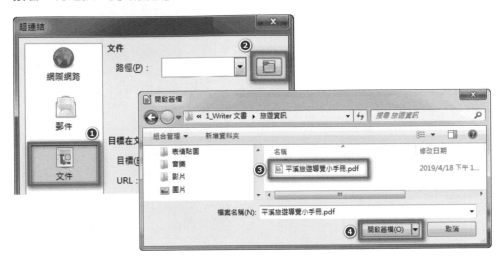

**04** 再設定「文字 (X)」中「欲顯示的文字」，如：旅遊導覽小手冊

接著，再選擇「表單 (O)」的類別，如：文字

最後選按「確定」即完成設定。

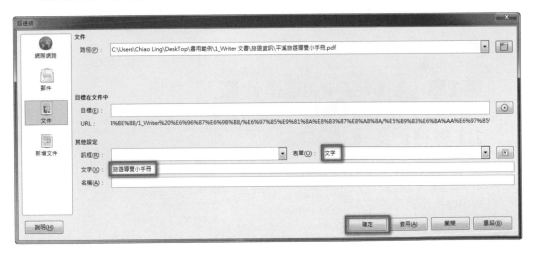

回到編輯區後，文字就會帶有超連結，只要同時按下「Ctrl 鍵」和滑鼠「左鍵」，即可開啟連結的「旅遊導覽小手冊」檔案內容。

**移除「超連結」設定：取消連結功能**

01 選取「欲設定的文字或圖片」，如：LibreOffice。

02 選按「滑鼠右鍵」顯示功能表。

03 點選「移除超連結 (W)」即可取消連結的功能。

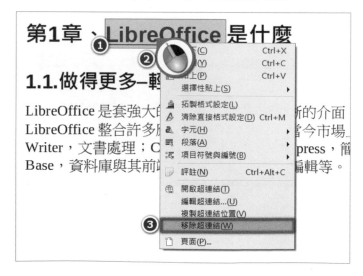

## 010　若頁面的圖片無法顯示，如何修正？

文件中，明明已經放置了圖片，不知為何卻無法顯示，只有出現圖片外框和圖片編號，但是將文件拿到另一台電腦上閱讀卻是正常的，該如何解決呢？

### 觀念說明

一般而言，圖片物件放置於文件中時會自動顯示其內容，但是如果檢視內容的功能被取消，就會只出現軟體能辨識的物件名稱。此時只要再將檢視物件的功能開啟，即可正確的顯示物件的內容。

### 錦囊妙計

01 點選「插入 (I)」功能表中的「影像 (I)」。

02 點選「欲放置的圖片」，如：咖啡 .png →再選按「開啟 (O)」。

**步驟03** 點選「檢視 (V)」功能表中的「影像與圖表 (I)」。

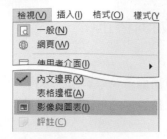

回到編輯區，即可看到圖片由原先電腦才能辨識的「影像 1」變成正確的內容。

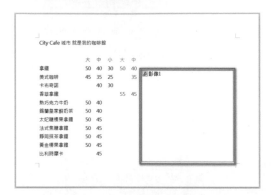 

---

☀ **小百科**

「檢視 \ 影像與圖表」的功能，只要設定過一次，就不需要再重複設定，日後每一份新文件都會保有該功能。

# 011 文件中，要如何進行格式的複製？

文件中，如果希望段落排版的設定相同一致，通常會採用「 🖌 （複製格式）」的功能來進行，為什麼在 Writer 中，這個功能無法正確的設定版面呢？

## 觀念說明

「 🖌 （複製格式）」在 Microsoft Word 中的功能是將段落排版的相關設定一模一樣的 Copy 到另一段文字上，使它們的排版外觀是一致的。但是「 🖌 （複製格式）」這個功能，在 Writer 中卻有三個不同的功用，分別是：複製字型格式、複製字型格式及段落格式、複製段落格式，使用者可以依據需求進行相關的設定。

## 錦囊妙計

### 複製字型格式

指將文字的「字型」、「大小」、「樣式」及「色彩」…，複製至其他文字。

**01** 選取「欲設定的來源文字」，如：與烏來有約。

**02** 點選工具列上的「 🖌 （複製格式）」。

**03** 在「目的文字」上，如：獨特優雅的櫻花道，按著滑鼠左鍵不放，從左向右刷過去。

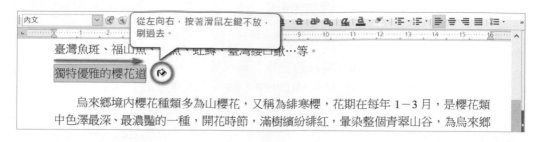

完成之後，即可看到文字的字型、大小、樣式及色彩，一模一樣地複製來源文字的格式。

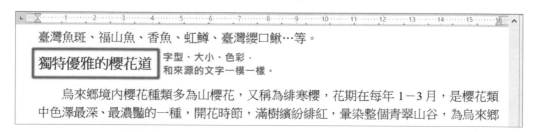

### 複製字型格式及段落格式

除了將文字的「字型」、「大小」、「樣式」及「色彩」複製至其他文字之外，還會將段落的「對齊方式」、「項目符號或編號」及「縮排」…等設定一併複製至文字。

**01** 選取「欲設定的來源文字」，如下圖所示。

**02** 點選工具列上的「 （複製格式）」。

**03** 在「目的文字」上，按著鍵盤「Ctrl」鍵，再按滑鼠左鍵不放，刷過去。

烏來：位於臺北縣最南端，是臺北盆地周圍地勢較高之處，為臺北縣面積最大的鄉鎮。烏來境內有臺灣最大的林區『福山林區』，林木蓊鬱，全鄉土地 80﹪為森林所覆，涵養大台北地區的水資源，而植物方面有本區特有的烏來杜鵑、臺灣三角楓、烏來蕘花等，因稀有及原始性，極具有學術及教育價值，福山的哈盆自然資源更是豐富，有『臺灣亞馬遜』之稱。

> 按住鍵盤的「Ctrl」鍵不放，再按滑鼠左鍵不放，從左向右刷過去

烏來：由於森林繁茂，溪流交錯，有利各種鳥類及哺乳類動物孳生，較具特色的有帝雉、藍腹鷳、臺灣藍鵲、竹雞、臺灣黑熊、臺灣野豬、臺灣彌猴、白鼻心等，但經長期獵捕，已所剩無多。烏來南勢溪、桶後溪、哈盆溪皆是臺灣富盛名之溪釣場所，常見魚類有臺灣魚斑、福山魚、香魚、虹鱒、臺灣纓口鰍…等。

完成之後，即可看到文字不僅是字型、大小、樣式及色彩會複製來源文字的格式，連同段落的設定也會一模一樣。

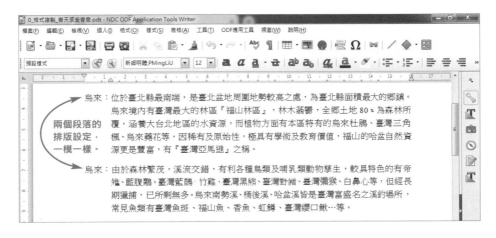

## 複製段落格式

指將段落的「對齊方式」、「項目符號或編號」及「縮排」…等設定複製至文字段落。值得注意的是，因為只複製了段落設定，所以文字的字型和大小會還原成「預設」的字型和大小。

**01** 選取「欲設定的來源文字」，如：春天感受春意。

**02** 點選工具列上的「 🖌 （複製格式）」。

**03** 在「目的文字」的「段落」最後方，按著鍵盤「Ctrl」鍵，再按滑鼠左鍵一下（點一下的意思）。

完成之後，即可看到文字的段落對齊方式，會複製來源文字的格式，但因為只複製段落，所以文字的字型、大小、色彩等，會恢復成「預設樣式」。

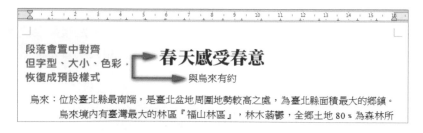

# 012 文件中，冒號後方的文字如何對齊？

　　文件中，常常在標題後方出現冒號（：），若希望標題冒號後面的說明文字能對齊，該如何設定呢？

## 觀念說明

標題後方文字對齊設定，一般稱之為「首行凸排」設定，也就是第一行的文字較其他文字位置凸出。

文字排版對齊的方式有如下幾種，皆是透過「格式 \ 段落 \ 縮排和間距」進行設定：

| 對齊方式 | 說明 | 範例 |
|---|---|---|
| 文字之前 | 一般也稱之為「左邊縮排」，意指文字左端起始的位置與左邊界的距離。 | 文字與左邊界的距離<br>←→ 烏來：位於臺北縣最大的鄉鎮。烏來境內 |
| 文字之後 | 一般也稱之為「右邊縮排」，意指文字右端結束的位置與右邊界的距離。 | 文字與右邊界的距離<br>較高之處，為臺北←→福山林區」，林木 |
| 第一行 | 指段落第一行文字起始的位置與左邊界的距離。<br>若搭配「文字之前」設定，即可做「首行凸排」的效果。 | 第一行文字與左邊界的距離<br>→烏來：位於臺北縣面積最大的鄉鎮。烏來境內 |
| 自動 | 指段落的第一行，自動往內縮排二個文字的距離，且當文字的大小有變動時，會自動調整，永遠保持二個字的縮排。 | 自動內縮二個文字<br>→烏來：位於臺北鄉鎮。烏來境內有臺 |

**錦囊妙計**

**首行凸排設定**

**方法一：**

01 選取「欲設定的段落」。

> 主旨：本府與縣市教育處共同辦理「108 年度 ODF 辦公應用推廣成果發表」，敬邀　貴單位 OOO 老師擔任『辦公實務經典範例解析』議程講座，敬請惠予公假出席。

02 按著鍵盤的【Ctrl】鍵不放，再用滑鼠拖曳尺規上左方的【△】至對齊處。

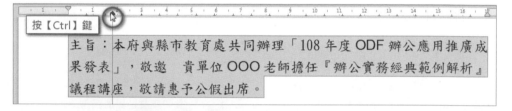

完成設定之後，即可看到冒號後方的文字對齊了。

> 主旨：本府與縣市教育處共同辦理「108 年度 ODF 辦公應用推廣成果發表」，敬邀　貴單位 OOO 老師擔任『辦公實務經典範例解析』議程講座，敬請惠予公假出席。

**方法二：**

01 選取「欲設定的段落」。

> 主旨：本府與縣市教育處共同辦理「108 年度 ODF 辦公應用推廣成果發表」，敬邀　貴單位 OOO 老師擔任『辦公實務經典範例解析』議程講座，敬請惠予公假出席。

02 點選「格式 (O)」功能表中的「段落 (A)」。

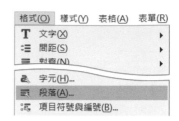

03 點選「縮排和間距」標籤→設定「文字之前 (B)」為「36PT」（視實際情形設定）→設定「第一行 (F)」為「-36PT」（配合文字之前）→再按「確定」。

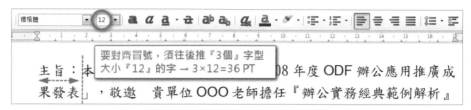

完成設定之後，即可看到冒號後方的文字對齊了。

**文字之前設定**

**方法一：**

**01** 選取「欲設定的段落」。

> 主旨：本府與縣市教育處共同辦理「108 年度 ODF 辦公應用推廣成
> 果發表」，敬邀　貴單位OOO老師擔任『辦公實務經典範例解析』
> 議程講座，敬請惠予公假出席。

**02** 點選滑鼠左鍵不放，拖曳尺規上的【◯】至對齊處。

> 主旨：本府與縣市教育處共同辦理「108 年度 ODF 辦公應用推廣成
> 果發表」，敬邀　貴單位OOO老師擔任『辦公實務經典範例解析』
> 議程講座，敬請惠予公假出席。

完成設定之後，即可看到所有的文字與左方邊界有距離。

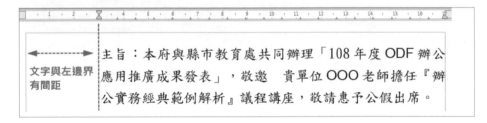

**方法二：**

**01** 選取「欲設定的段落」。

> 主旨：本府與縣市教育處共同辦理「108 年度 ODF 辦公應用推廣成
> 果發表」，敬邀　貴單位OOO老師擔任『辦公實務經典範例解析』
> 議程講座，敬請惠予公假出席。

步驟02 點選「格式 (O)」功能表中的「段落 (A)」。

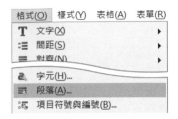

步驟03 點選「縮排和間距」標籤→設定「文字之前 (B)」為「3 公分」→再按「確定」。

完成設定之後，即可看到所有的文字與左方邊界有距離。

**文字之後設定**

**方法一：**

**01** 選取「欲設定的段落」。

> 主旨：本府與縣市教育處共同辦理「108 年度 ODF 辦公應用推廣成果發表」，敬邀　貴單位 OOO 老師擔任『辦公實務經典範例解析』議程講座，敬請惠予公假出席。

**02** 按著滑鼠左鍵不放，拖曳尺規上右方的【△】至對齊處。

完成設定之後，即可看到文字與右方邊界有距離。

**方法二：**

**01** 選取「欲設定的段落」。

> 主旨：本府與縣市教育處共同辦理「108 年度 ODF 辦公應用推廣成果發表」，敬邀　貴單位 OOO 老師擔任『辦公實務經典範例解析』議程講座，敬請惠予公假出席。

步驟02 點選「格式 (O)」功能表中的「段落 (A)」。

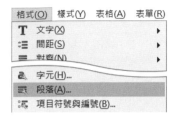

步驟03 點選「縮排和間距」標籤→設定「文字之後 (T)」為「2 公分」→再按「確定」。

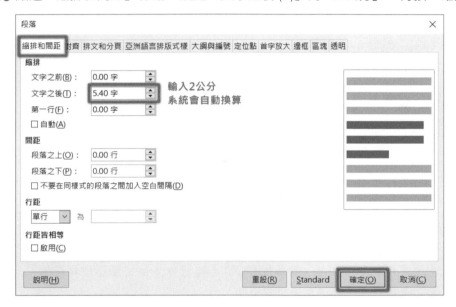

完成設定之後，即可看到文字與右方邊界有距離。

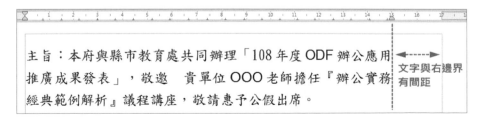

第一行設定

**方法一：**

01 選取「欲設定的段落」。

> 主旨：本府與縣市教育處共同辦理「108 年度 ODF 辦公應用推廣成果發表」，敬邀　貴單位 OOO 老師擔任『辦公實務經典範例解析』議程講座，敬請惠予公假出席。

02 按著滑鼠左鍵不放，拖曳尺規上左方的【▽】至對齊處。

> 主旨：本府與縣市教育處共同辦理「108 年度 ODF 辦公應用推廣成果發表」，敬邀　貴單位 OOO 老師擔任『辦公實務經典範例解析』議程講座，敬請惠予公假出席。

完成設定之後，即可看到第一行的文字與左方邊界有距離。

第一行與左邊界有間距

> 主旨：本府與縣市教育處共同辦理「108 年度 ODF 辦公應用推廣成果發表」，敬邀　貴單位 OOO 老師擔任『辦公實務經典範例解析』議程講座，敬請惠予公假出席。

**方法二：**

01 選取「欲設定的段落」。

> 主旨：本府與縣市教育處共同辦理「108 年度 ODF 辦公應用推廣成果發表」，敬邀　貴單位 OOO 老師擔任『辦公實務經典範例解析』議程講座，敬請惠予公假出席。

STEP 02 點選「格式 (O)」功能表中的「段落 (A)」。

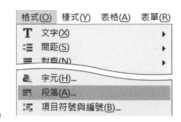

STEP 03 點選「縮排和間距」標籤→設定「第一行 (F)」為
「36PT」→再按「確定」。

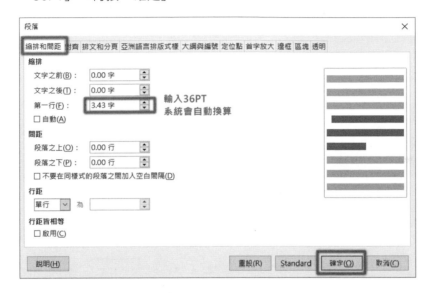

完成設定之後，即可看到第一行的文字與左方邊界有距離。

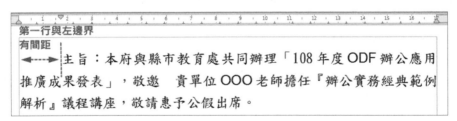

### 自動縮排設定

STEP 01 選取「欲設定的段落」。

> 主旨：本府與縣市教育處共同辦理「108 年度 ODF 辦公應用推廣成
> 果發表」，敬邀　貴單位 OOO 老師擔任『辦公實務經典範例解析』
> 議程講座，敬請惠予公假出席。

02 點選「格式 (O)」功能表中的「段落 (A)」。

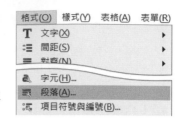

03 點選「縮排和間距」標籤→勾選「☑ 自動 (A)」→再
　　按「確定」。

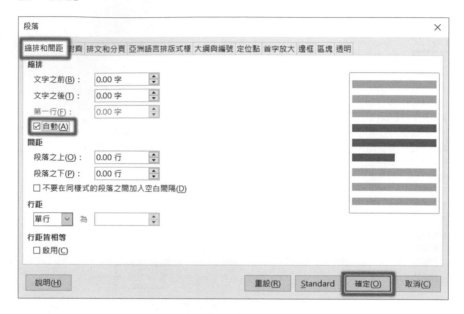

完成設定之後，即可看到第一行的文字自動往內縮二個文字。

```
第一行，自動內縮二個字
←→主旨：本府與縣市教育處共同辦理「108 年度 ODF 辦公應用推廣
成果發表」，敬邀　貴單位 OOO 老師擔任『辦公實務經典範例解
析』議程講座，敬請惠予公假出席。
```

☼ 小百科

「第一行」與「自動」設定的結果，乍看之下非常相似，但是透過「第一行」
設定往內縮排的二個字，當文字字型的大小有變更時，並不會維持二個字的縮
排；而採用「自動」功能設定縮排的二個字，當文字字型大小有變更時，依然
會自動維持縮排二個字。

# 013　若標點符號超過頁面邊界，如何修正？

　　文件中因為排版的關係，常常在右邊界會有標點符號跑到邊界外面的情形，以致於文件列印時會印不出來，或是在裝訂時容易被遮蔽，該如何解決？

## 觀念說明

一份文件在排版的過程中，總有一些需要遵守的規則，一般而言有如下幾點：

1. 句首不能是標點符號，但『』、「」例外。

2. 同一段落不分頁，避免有斷章取義的疑慮。

3. 英文單字不能任意斷字，解讀意義可能不同。

4. 表格如果跨頁，每一頁皆須帶有列的標題。

5. 直書時，英文字和數字格式要正確。

為了符合上述第 1 項排版的規則，在文件中如果行末的文字為標點符號，就會有跑出邊界的情形。

當標點符號跑到邊界之外，在資料列印時可能會無法完整列印，或是文件裝訂時會被裝訂到，影響文件的美觀與閱讀正確性。這種情況不僅在段落文字中會出現，在表格中也有可能，此時必須透過「取消允許標點符號超出邊界」的設定，讓符號能出現在下一行。

**錦囊妙計**

招01 選取文件中「欲修改的段落」。

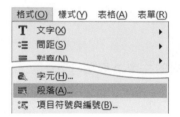

招02 點選「格式 (O)」功能表中的「段落 (A)」。

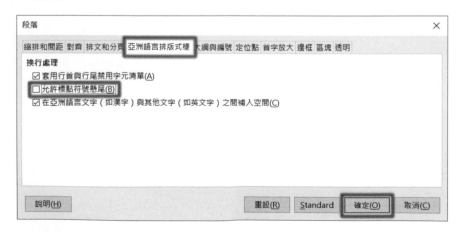

招03 選按「亞洲語言排版式樣」標籤→取消勾選「□允許標點符號懸尾 (B)」→再按「確定」。

完成設定之後，標點符號即修正，不會跑出邊界。

**04** 再次選取文件中「欲修改的段落」。

**步驟05** 點選工具列上「（左右對齊）」，讓文件中第一個文字和最後一個文字能做「矩形對齊」，使文件更美觀。

完成設定之後，文件的左右兩端文字即可對齊，不會與邊界留有空隙。

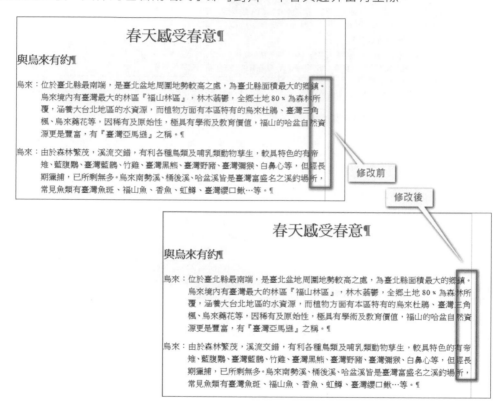

---

💡 **小百科**

標點符號超過邊界的設定，也可以用在表格中，避免表格中的文字與下一個欄位的資料重疊，或是有列印時被裁切的情況。

# 014 文件中，如何建立雙行文字？

在製作合約書時，通常會有甲方和乙方的單位名稱，若希望他們能分成上下兩列對齊，且前方或後方接續的文字出現在他們的中間，該如何設定呢？

## 觀念說明

製作合約書時，為顯示對甲乙雙方的尊重，在排版時會採用「齊頭式對齊」，也就是讓甲乙雙方在文件起始的位置是一致的。

然而，多數使用者在這部份的排版，會採用「文字方塊」的方式來進行，如此在文件段落行高、段距或邊界有調整時就容易跑版。

對於這種文字需要上下或左右兩行對齊的文字，稱之為「並列文字」，可以透過「雙行寫入」的排版方式來完成。

## 錦囊妙計

### 文字並列對齊

步驟01 選取「欲並列對齊的文字」。

保密合約書

立約人：狠慧排資訊出版社＜以下簡稱甲方＞上釣資訊服務有限公司＜以下簡稱乙方＞

茲甲方因 **108 年 ODF 導入培訓計畫** 事宜，將交付相關機密資訊，爰訂立本契約，條款如下：

02 點選「格式 (O)」功能表中的「字元 (H)」。

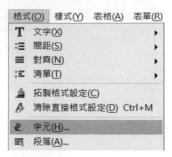

03 點選「亞洲語言版面配置」→勾選「☑ 分為雙行寫入 (A)」→再按「確定」。

完成之後，編輯區的文字即可分成上下兩行且對齊。

立約人：狠慧排資訊出版社<以下簡稱甲方>上
鈞資訊服務有限公司<以下簡稱乙方>

04 將「文字插入點」放置於「欲換行」的文字後方→按下鍵盤的「Shift」鍵及「Enter」鍵，讓文字換行。

立約人：狠慧排資訊出版社＜以下簡稱甲方＞
　　　　上鈞資訊服務有限公司＜以下簡稱乙方＞

「並列文字」的文字大小會縮小為先前的一半，可將其放大，如下圖。

立約人：狠慧排資訊出版社＜以下簡稱甲方＞
　　　　上鈞資訊服務有限公司＜以下簡稱乙方＞

### 段落垂直對齊

當並列文字設定完成後，在它前方或後方的文字，可能會有偏高或偏低的情形，此時可以調整文字與文字之間的對齊方式來修正。

01 將「文字插入點」放置於段落中。

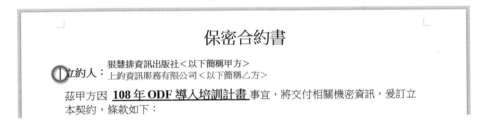

02 點選「格式 (O)」功能表中的「段落 (A)」。

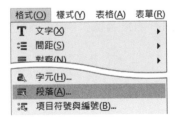

**STEP 03** 點選「對齊」標籤→設定「文字到文字」對齊 (A) 為「中央」→再按「確定」。

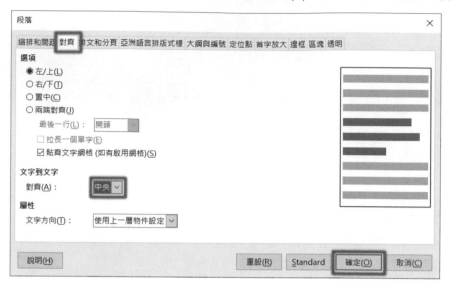

完成設定之後，回到編輯區中，即可看到段落文字垂直置中了！

立約人：狠慧排資訊出版社<以下簡稱甲方>
　　　　上鈞資訊服務有限公司<以下簡稱乙方>

立約人：狠慧排資訊出版社<以下簡稱甲方>
　　　　上鈞資訊服務有限公司<以下簡稱乙方>

---

### 🔅 小百科

文字的對齊方式，會隨著文件的段距或行距而不同，如果選擇「中央」無法置中對齊，可修正為「上方」或「下方」。

## 015 文件或表格中的標題，如何讓所有文字冒號對齊？

當我們在文件中製作表格時，通常會希望「欄標題」的文字能對齊，或是在製作合約書時，希望甲方和乙方的基本資料「項目標題」能對齊，該如何設定呢？

### 觀念說明

文件中我們輸入文字或符號後，可根據自己的需求將字型做不同的變化，例如「字體」、「大小」、「樣式」及「色彩」等等，但是對於「文字與文字」之間的間距卻很少著墨。

其實在文字與文字之間的「間距」有三種模式可選擇：標準、加寬、緊縮。除了一般段落的文字可採用之外，大多時候會用在表格的「欄標題」及合約書等有「項目標題」的文件中，主要目的是希望能讓「標題文字」對齊，如此可使文件更美觀、標題項目也一目瞭然。

### 錦囊妙計

**方法一：**

步驟01 選取「欲設定的文字」。

**圖02** 點選右邊「側邊欄」中的「🔧（屬性）」→再點選「字元間距」。

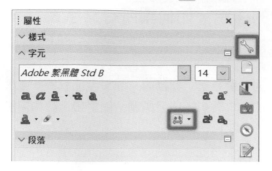

**圖03** 設定文字間距的「自訂值」為「21pt」（視實際情形）→再按「Enter」鍵。

自訂值計算式：（欲對齊的文字 - 選取的文字）× 字型大小 ÷ 文字間距

以本範例來說：(5-2) × 14 ÷ 2 = 3 × 14 ÷ 2 = 42 ÷ 2 =21 pt

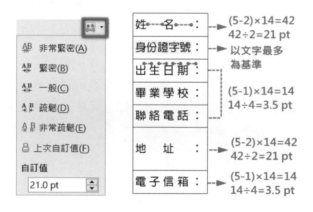

完成設定之後，編輯區表格中的標題文字「冒號」即會對齊！

**方法二：**

01 選取「欲設定的文字」。

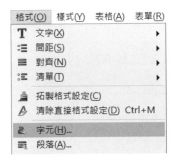

02 點選「格式 (O)」功能表中的「字元 (H)」。

03 點選「位置」標籤→設定「間距」為「21pt」（視實際情形）→再按「確定」。

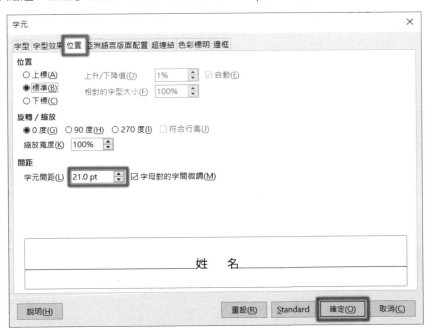

完成設定之後，編輯區表格中的標題文字「冒號」即會對齊！

| 講師基本資料表 | | | | 編號： |
|---|---|---|---|---|
| | | | | 照片： |
| 姓　　名　： | | 性別： | | |
| 身份證字號： | | | | 請貼 |
| 出生日期： | ＿＿年＿＿月＿＿日 | 血型： | | 3 個月內 |
| 畢業學校： | | 科系： | | 彩色大頭照 |
| 聯絡電話： | 日間：＿＿＿＿　手機：＿＿＿＿ | | | 備註： |
| 地　　址　： | | | | |
| 電子信箱： | | | | |

☀ 小百科

文字選取時，不能選到「：」（冒號）標記，段落文字的設定方式和表格標題是一樣的。

# 016　文件中，要如何設定文字的分散對齊？

在製作文件時，尤其是合約書，在最末一行的日期，如果希望文字與文字之間等距離的分散對齊，該如何設定呢？

## 觀念說明

所謂「分散對齊」是指，文字最左方的字和最右方的字貼齊尺規的左、右邊界，將文字與文字之間的間距平均分配。

分散對齊與左右對齊非常類似，差別在末行的對齊方式。左右對齊的末行大多仍貼緊左側，然而分散對齊的末行文字仍然會貼緊左側和右側的邊界，所以末行的字元間距相當的寬鬆。

## 錦囊妙計

**01** 選取「欲設定的段落文字」。

**02** 點選「格式 (O)」功能表中的「段落 (A)」。

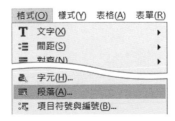

**03** 點選「對齊」標籤→設定「選項」為「⦿兩端對齊 (J)」→再點選「最後一行 (L)」為「兩端對齊」→再按「確定」。

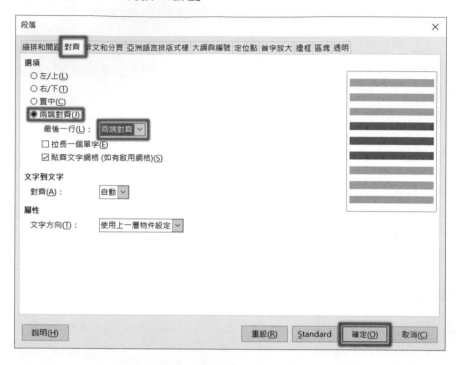

設定完成後，編輯區的文字，即會貼緊左側和右側的邊界，並平均分配文字的間距，如下圖。

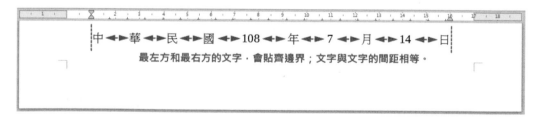

# 017 項目編號與文字之間如何調整位置？

當文件中採用項目符號與編號時，與文字之間看起來會有一個空格，要如何調整或設定它們之間的距離呢？

## 觀念說明

編號一般具有以下四個特性：

- 為一有順序性的符號，且同一層段落編號會是連貫的，如：1,2,3。
- 編號之後，預設會有一個定位鍵的標記，而後再銜接文字。
- 選按「Enter」鍵之後，新的段落會自動產生下一個順序的編號。
- 要有文字才能存在，否則選按「Enter」鍵之後，編號會不見。

由上述的第二個編號特性，我們可得知編號的後方會帶有一個「定位鍵」標記，也因此編號和文字之間就會有間距，而這個距離在文件中有時大小適中，有時卻距離過大，此時就必須要修正編號與文字之間的設定，才能使文件整齊美觀。

## 錦囊妙計

### 調整編號間距

**步驟01** 選取欲修改的編號文字。

一、是非題：¶
1. 超速行駛是肇事最大原因之一。¶
2. 睡眠不足神志不清，只要小心駕駛仍然可以開車。¶
3. 對汽車性能不了解與行車安全並無關係。¶
4. 遵守道路交通安全規則，可減少交通事故。¶
5. 能儘力採取合理謹慎行為加以防止車禍發生，叫做防衛駕駛。¶
6. 行車前了解沿途道路狀況，對行車安全並無幫助。¶
7. 在深夜凌晨人車稀少，可以超速行駛。¶
8. 在夜間或雨天路滑時，應減速慢行，可增加行車安全。¶
9. 夜間行車，如來車不變換近光燈，可以用遠光燈來報復增加安全。¶
10. 行駛在積水路段，應減速慢行。¶

**02** 點選工具列的「」項目符號功能鈕中「 更多編號... 」。

**03** 選按「位置」→設定定位落點 (C) 為「2 公分」（視實際情況設定）→再按「確定」。

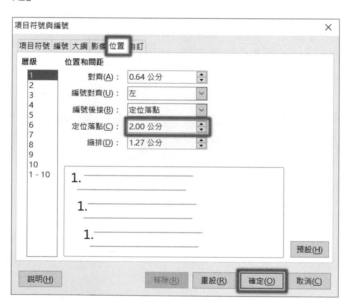

完成設定之後，編號和文字之間的距離即會縮小。

一、是非題：

1. 超速行
2. 睡眠不
3. 對汽車
4. 遵守道
5. 能儘力
6. 行車前
7. 在深夜
8. 在夜間
9. 夜間行
10. 行駛在

一、是非題：

1. 超速行駛是肇事最大原因之一。
2. 睡眠不足神志不清，只要小心駕駛仍然可以開車。
3. 對汽車性能不了解與行車安全並無關係。
4. 遵守道路交通安全規則，可減少交通事故。
5. 能儘力採取合理謹慎行為加以防止車禍發生，叫做防衛駕駛。
6. 行車前了解沿途道路狀況，對行車安全並無幫助。
7. 在深夜凌晨人車稀少，可以超速行駛。
8. 在夜間或雨天路滑時，應減速慢行，可增加行車安全。
9. 夜間行車，如來車不變換近光燈，可以用遠光燈來報復增加安全。
10. 行駛在積水路段，應減速慢行。

**取消編號間距**

**01** 選取欲修改的編號文字。

一、是非題：¶

1. 超速行駛是肇事最大原因之一。¶
2. 睡眠不足神志不清，只要小心駕駛仍然可以開車。¶
3. 對汽車性能不了解與行車安全並無關係。¶
4. 遵守道路交通安全規則，可減少交通事故。¶
5. 能儘力採取合理謹慎行為加以防止車禍發生，叫做防衛駕駛。¶
6. 行車前了解沿途道路狀況，對行車安全並無幫助。¶
7. 在深夜凌晨人車稀少，可以超速行駛。¶
8. 在夜間或雨天路滑時，應減速慢行，可增加行車安全。¶
9. 夜間行車，如來車不變換近光燈，可以用遠光燈來報復增加安全。¶
10. 行駛在積水路段，應減速慢行。¶

**02** 點選工具列的「」項目符號功能鈕中「更多編號...」。

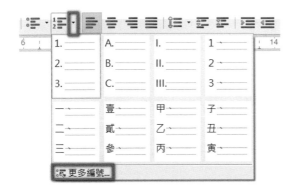

**步驟03** 選按「位置」→設定編號後接 (B) 為「無」→再按「確定」。

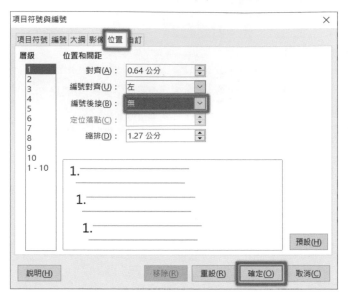

完成設定之後，編號和文字之間的距離即會取消。

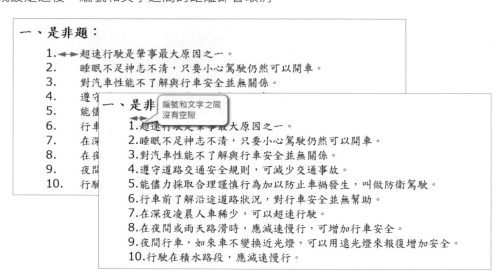

# 018 文件中，項目編號與後方文字如何對齊？

當文件中採用項目符號與編號時，在數字編號 1-9 後面的文字皆會對齊，但是碰到 10 之後的編號，文字就不對齊，該如何解決呢？

## 觀念說明

編號，一般具有如下四個特性：

- 為一有順序性的符號，且同一層段落編號會是連貫的，如：1,2,3。
- 編號之後，預設會有一個定位鍵的標記，而後再銜接文字。
- 選按「Enter」鍵之後，新的段落會自動產生下一個順序的編號。
- 要有文字才能存在，否則選按「Enter」鍵之後，編號會不見。

由上述的第二個編號特性，我們可得知編號的後方會帶有一個「定位鍵」標記，也因此編號和文字之間就會有間距，當編號出現 2 位數或 3 位數時，文字就會出現無法對齊的窘況。其實這個問題只要做一些設定就能夠改善。

## 錦囊妙計

**01** 選取欲修改的編號文字。

一、是非題：

1. 超速行駛是肇事最大原因之一。
2. 睡眠不足神志不清，只要小心駕駛仍然可以開車。
3. 對汽車性能不了解與行車安全並無關係。
4. 遵守道路交通安全規則，可減少交通事故。
5. 能儘力採取合理謹慎行為加以防止車禍發生，叫做防衛駕駛。
6. 行車前了解沿途道路狀況，對行車安全並無幫助。
7. 在深夜凌晨人車稀少，可以超速行駛。
8. 在夜間或雨天路滑時，應減速慢行，可增加行車安全。
9. 夜間行車，如來車不變換近光燈，可以用遠光燈來報復增加安全。
10. 行駛在積水路段，應減速慢行。

**02** 點選工具列的「▤▾」項目符號功能鈕中「🖩 更多編號...」。

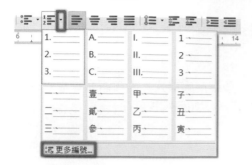

**03** 選按「位置」→設定編號對齊 (U) 為「右」→再按「確定」。

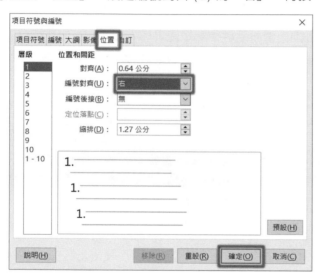

完成設定之後，編號後方的文字即會對齊。

**一、是非題：**

1. 超速行駛是肇事最大原~~
2. 睡眠不足神志不清，只~~
3. 對汽車性能不了解與行~~
4. 遵守道路交通安全規則~~
5. 能儘力採取合理謹慎行~~
6. 行車前了解沿途道路狀~~
7. 在深夜凌晨人車稀少，~~
8. 在夜間或雨天路滑時，~~
9. 夜間行車，如來車不變~~
10. 行駛在積水路段，應~~

> **文字對齊**
>
> **一、**
> 1. 超速行駛是肇事最大原因之一。
> 2. 睡眠不足神志不清，只要小心駕駛仍然可以開車。
> 3. 對汽車性能不了解與行車安全並無關係。
> 4. 遵守道路交通安全規則，可減少交通事故。
> 5. 能儘力採取合理謹慎行為加以防止車禍發生，叫做防衛駕駛。
> 6. 行車前了解沿途道路狀況，對行車安全並無幫助。
> 7. 在深夜凌晨人車稀少，可以超速行駛。
> 8. 在夜間或雨天路滑時，應減速慢行，可增加行車安全。
> 9. 夜間行車，如來車不變換近光燈，可以用遠光燈來報復增加安全。
> 10. 行駛在積水路段，應減速慢行。

# 019 項目編號如何使用 (1)、(2)、(3) 樣式？

　　文件編輯中常會用到數字的編號，但編號的樣式有限，若想要在文件中使用『（1）、（2）、（3）』或『第 1 項、第 2 項、第 3 項』的編號，在一般的選項中是找不到的，要如何設定呢？

## 觀念說明

編號可分為二個類型：預設編號及自訂編號。「預設編號」是指系統預設的八個編號，使用者可直接點選使用；而「自訂編號」是使用者透過選項自行定義的編號樣式。

當預設的編號不敷使用，我們可以自己設定編號的樣式，如：（1）、（2）、（3）或第 1 項、第 2 項、第 3 項。

## 錦囊妙計

步驟01 選取「欲設定的文字」。

> **一、是非題：**
> 1.超速行駛是肇事最大原因之一。
> 2.睡眠不足神志不清，只要小心駕駛仍然可以開車。
> 3.對汽車性能不了解與行車安全並無關係。
> 4.遵守道路交通安全規則，可減少交通事故。
> 5.能儘力採取合理謹慎行為加以防止車禍發生，叫做防衛駕駛。
> 6.行車前了解沿途道路狀況，對行車安全並無幫助。
> 7.在深夜凌晨人車稀少，可以超速行駛。
> 8.在夜間或雨天路滑時，應減速慢行，可增加行車安全。
> 9.夜間行車，如來車不變換近光燈，可以用遠光燈來報復增加安全。
> 10.行駛在積水路段，應減速慢行。

**步驟02** 點選工具列的「」項目符號功能鈕中「更多編號…」。

**步驟03** 點選「自訂」標籤→在「數字 (A)」處選按「1,2,3,…」→在「這之前 (I)」處輸入「（」→在「在這之後 (J)」處輸入「）」→再按「確定」。

完成設定之後，編號即可設定為所需要的（1）、（2）、（3）樣式。

一、是非題：

1.超速行駛是肇事最大原因之一
2.睡眠不足神志不清，只要小心
3.對汽車性能不了解與行車安全
4.遵守道路交通安全規則，可減
5.能儘力採取合理謹慎行為加以
6.行車前了解沿途道路狀況，對
7.在深夜凌晨人車稀少，可以超
8.在夜間或雨天路滑時，應減速
9.夜間行車，如來車不變換近光
10.行駛在積水路段，應減速慢行

一、是非題：

(1).超速行駛是肇事最大原因之一。
(2).睡眠不足神志不清，只要小心駕駛仍然可以開車。
(3).對汽車性能不了解與行車安全並無關係。
(4).遵守道路交通安全規則，可減少交通事故。
(5).能儘力採取合理謹慎行為加以防止車禍發生，叫做防衛駕駛。
(6).行車前了解沿途道路狀況，對行車安全並無幫助。
(7).在深夜凌晨人車稀少，可以超速行駛。
(8).在夜間或雨天路滑時，應減速慢行，可增加行車安全。
(9).夜間行車，如來車不變換近光燈，可以用遠光燈來報復增加安全。
(10).行駛在積水路段，應減速慢行。

# 020　項目編號如何使用①、②、③樣式？

文件中如果用到非預設的編號，我們可以透過自訂編號的方式來設定，但若想要在設定中使用『①、②、③』的數值，又該如何設定呢？

## 觀念說明

「①、②、③」的數值是特殊的字型設定，以往在文書處理中如果要採用「①、②、③」的數字，多數使用者會透過「插入 \ 特殊字元」的方式來完成，但是利用「插入 \ 特殊字元」所產生的「①、②、③」，其實是一般的文字，當資料有增加或減少時，編號並不會自動更新。

因此如果要在編號中採用「①、②、③」，建議可以透過自訂編號中的選項來完成。

## 錦囊妙計

步驟01 選取「欲變更的編號範圍」。

> **一、是非題：**
> 1. 超速行駛是肇事最大原因之一。
> 2. 睡眠不足神志不清，只要小心駕駛仍然可以開車。
> 3. 對汽車性能不了解與行車安全並無關係。
> 4. 遵守道路交通安全規則，可減少交通事故。
> 5. 能儘力採取合理謹慎行為加以防止車禍發生，叫做防衛駕駛。
> 6. 行車前了解沿途道路狀況，對行車安全並無幫助。
> 7. 在深夜凌晨人車稀少，可以超速行駛。
> 8. 在夜間或雨天路滑時，應減速慢行，可增加行車安全。
> 9. 夜間行車，如來車不變換近光燈，可以用遠光燈來報復增加安全。
> 10. 行駛在積水路段，應減速慢行。

**02** 點選工具列的「」項目符號功能鈕中「 更多編號... 」。

**03** 點選「自訂」標籤→在「數字 (A)」處選按「①、②、③」→再按「確定」。

完成設定之後，編號即可變更為所需要的①、②、③樣式。

**一、是非題：**

1. 超速行駛是肇事最大原因之一。
2. 睡眠不足神志不清，只要小心駕駛仍然可以開車。
3. 對汽車性能不了解與行車安全並無關係。
4. 遵守道路交通安全規則，可減少交通事故。
5. 能儘力採取合
6. 行車前了解沿
7. 在深夜凌晨人
8. 在夜間或雨天
9. 夜間行車，如
10. 行駛在積水路

**一、是非題：**

①. 超速行駛是肇事最大原因之一。
②. 睡眠不足神志不清，只要小心駕駛仍然可以開車。
③. 對汽車性能不了解與行車安全並無關係。
④. 遵守道路交通安全規則，可減少交通事故。
⑤. 能儘力採取合理謹慎行為加以防止車禍發生，叫做防衛駕駛。
⑥. 行車前了解沿途道路狀況，對行車安全並無幫助。
⑦. 在深夜凌晨人車稀少，可以超速行駛。
⑧. 在夜間或雨天路滑時，應減速慢行，可增加行車安全。
⑨. 夜間行車，如來車不變換近光燈，可以用遠光燈來報復增加安全。
⑩. 行駛在積水路段，應減速慢行。

---

☞ **小百科**

「①、②、③」的數值在 LibreOffice 中可支援 1～20 號，但是 Microsoft Office 中的「①、②、③」數值卻只支援 1～10 號，所以文件中編號值如果用到 11～20 的數字，使用者採用 Microsoft Office 開啟文件，編號就會出現「□」無法辨識。

## 021　文件直書時，編號或數字如何正確顯示？

當文件採用直書的排版時，若碰到阿拉伯數字，如：編號、日期或金額，格式都是不正確的，以致於輸入時要改成大寫的數字，該如何解決呢？

### 觀念說明

當文件採用直書的排版時，數值資料會呈現旋轉 90 度的狀態，以致於版面看起來很怪，為了能讓數值顯示成正確的格式，多數的使用者會選擇採用「文字方塊」來修正，有的則是採用全形的數字，有的甚至放棄直書版面改回橫書版面。

其實直書版面，無論是數字編號、數字或是日期的排版，並沒有想像中難，只要透過「直書式的編號」及「橫向文字」的設定，即可完成。

### 錦囊妙計

### 設定直書編號

**01** 點選「格式 (O)」功能表中的「頁面 (P)」。

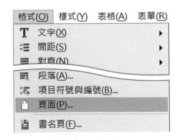

02 點選「頁面」標籤→設定方向為「⦿橫向」→再設定文字方向為「由右向左（直書）」→再按「確定」。

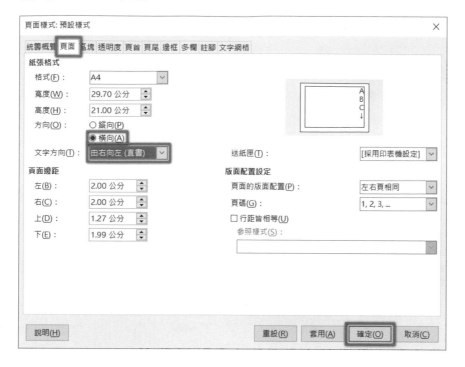

03 選取「欲變更的編號範圍」。

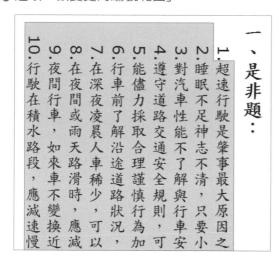

STEP 04 點選工具列的「」項目符號功能鈕中「更多編號...」。

STEP 05 點選「自訂」標籤→設定「字元樣式 (D)」為「直書式編號字元」。

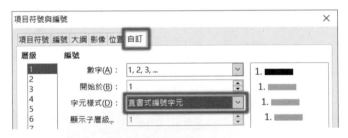

STEP 06 點選「位置」標籤→設定「編號對齊 (U)」為「左」→設定「編號後接 (B)」為「無」→再按「確定」。

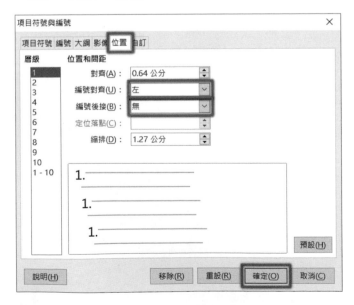

完成設定之後，編號即可正確顯示。

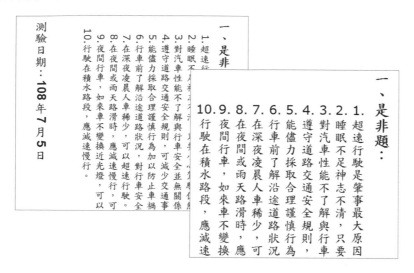

### 設定直書數字

文件中的數值資料，若是由使用者自行輸入，那麼就不適合用「直書式的編號字元」來修正。此時可採用「旋轉」的方式，使文字呈現如橫書的版面，我們稱之為「橫向文字」。

**01** 選取「欲變更的文字」。

**02** 點選「格式 (O)」功能表中的「字元 (H)」。

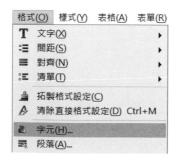

**03** 點選「位置」標籤→設定「旋轉 / 縮放」為「◉ 90 度 (H)」→再按「確定」。

完成設定之後，文字即可旋轉 90 度，變成橫向文字。

**04** 重複上述步驟，將所有的文字修正，如圖所示。

測驗日期：**108**年**7**月**5**日

💡 **小百科**

若要取消「橫向文字」的設定，只要將「格式 \ 字元」中的「位置」從「◉ 90 度 (H)」改成「◉ 0 度 (G)」即可。

## 022　文件中，如何建立頁首及頁尾？

　　當文件的頁數比較多時，若未區分其順序，當列印出來時往往會無法區分其擺放的位置，因此為文件加上「頁碼」便可有效的掌握文件順序。而「頁碼」放置的位置大多是在「頁首」或「頁尾」，該如何設定呢？

### 觀念說明

頁首與頁尾雖說都是文件的一部分，但「頁首」通常出現在頁面的上方且位於上邊界之外；「頁尾」則出現在頁面下方且位於下邊界之外。典型的情況，頁首一般是顯示文件的標題或章節名稱，而頁尾則是顯示文件的頁碼及總頁數。

頁首與頁尾，不一定只能在文件的第一頁設定，只要在文件中任何一頁設定完成後，每一個頁面相同的位置皆會有相同的設定，但依據使用者的需求，其實頁首與頁尾還是有多種不同的變化，而且遇到會變動的數值資料，如：頁碼…，必須採用「功能變數」進行設定，才能確保正確性。

### 錦囊妙計

**全部相同**

一般若沒有特別的設定，在頁首或頁尾加入資料時，文件的每一頁在相同的位置皆會出現相同的資訊。

**01** 點選「下邊界」→選按「頁尾（預設樣式）」標籤中的「+」。

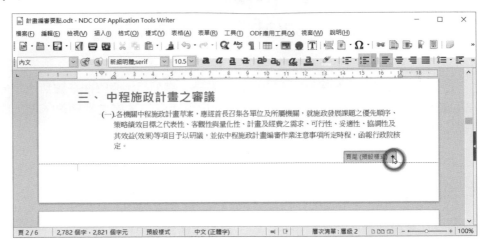

**02** 點選「插入 (I)」功能表中的「頁碼 (P)」。

完成之後，頁面上即會出現數字的「頁碼」，如：1。

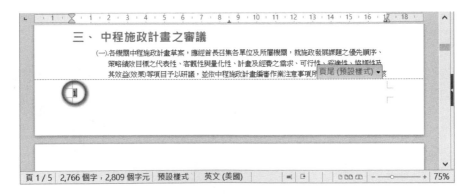

**03** 選按工具列上的「≡」，使頁碼置中對齊。

完成設定後，文件每一頁下方頁碼的位置即會放在中央，且出現不同的數字。

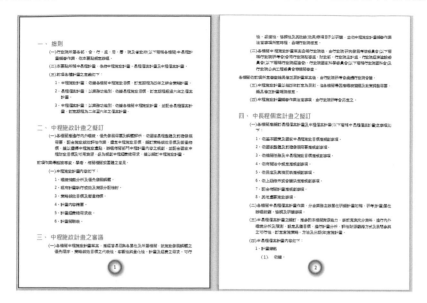

## 第一頁不同

文件中若有封面頁或是目錄頁，一般是不會顯示頁碼的！

圖01 將「文字插入點」放置於「封面頁」或「目錄頁」。

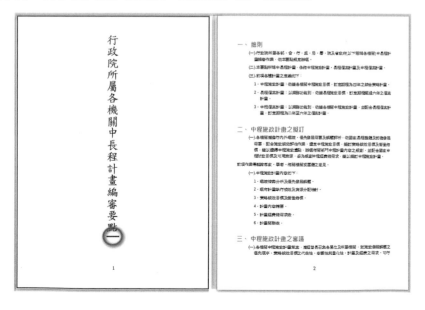

**02** 點選「格式 (O)」→「書名頁 (F)」。

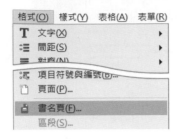

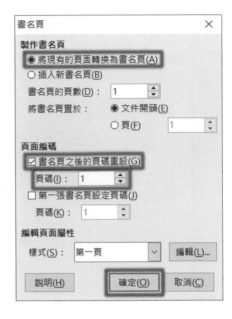

**03** 設定「◉將現有的頁面轉換為書名頁 (A)」
→勾選「☑ 在書名頁之後的頁碼重設 (G)」
→設定頁碼 (I) 為「1」→「確定」。

完成設定之後，封面頁或目錄頁的頁碼即會刪除，而下一頁的頁碼也會從「1」開始
編號。

**奇數偶數頁面不同**

頁首與頁尾「奇數偶數頁面不同」的設定，也稱為「左右頁不同」，常用於裝訂成冊的文件中。左頁和右頁的頁首及頁尾內容是可以分開獨立設定的。

步驟01 點選「格式 (O)」→「頁面 (P)」。

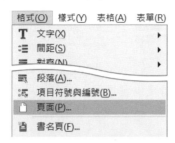

步驟02 選按「頁首」標籤→勾選「☑ 顯示頁首 (D)」→取消勾選「□左右頁內容相同 (C)」→「確定」。

步驟03 在「左頁首」輸入所需要的文字，如：「行政院各機關」。

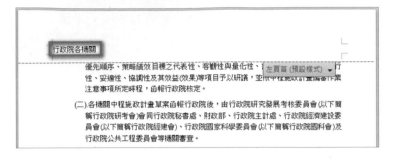

步驟04 在「右頁首」輸入所需要的文字，如：「中長程計畫編審要點」。

完成設定之後，文件的左頁和右頁的「頁首」即可顯示不同的資訊內容，且可依需求設定對齊方式，如下圖。

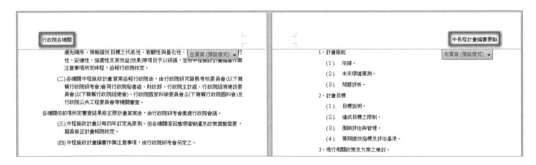

### 刪除頁首與頁尾

當頁首或頁尾被設定了，若要將其取消，並不是將頁首或頁尾區塊中的文字刪除即可，必須要透過功能表設定才能真正將頁首或頁尾刪除。

**01** 點選「格式 (O)」→「頁面 (P)」。

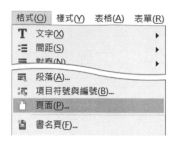

**02** 選按「頁首」標籤→取消勾選「□顯示頁首 (D)」。

**03** 選按對話方框中的「是 (Y)」。

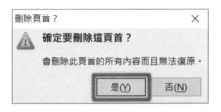

**04** 在「頁尾」的標籤中，重複「**02**」及「**03**」→再選按「確定」。完成設定之後，編輯區中的頁首或頁尾即不再顯示。

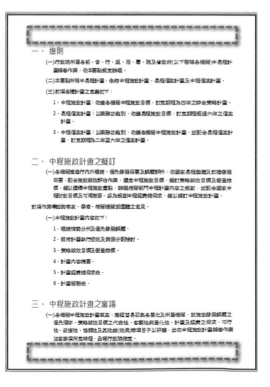

# 023　文件中，如何變更頁碼的數字？

製作文件時，頁碼都是連續的數字，如果希望頁碼在文件的某一個頁碼重新編號，或是要採用不同的格式，該如何設定呢？

## 觀念說明

文件在撰寫時，若採用「頁碼」設定，則文件中所有的頁碼都會是連續的，但有時並不符合我們實際的需求，使用者在頁碼部份最常遇到問題是：

1. 目錄的頁碼，改為羅馬字小寫「i」格式。

2. 本文的內容，不同章節皆要從數字「1」開始。

其實，只要將文件的內容分成不同的「區段」，我們即可為每一章節、甚至是每一頁面，重新設定起始的頁碼！

## 錦囊妙計

### 目錄頁羅馬字頁碼

**步驟01** 將「文字插入點」放置於「目錄頁」的位置。

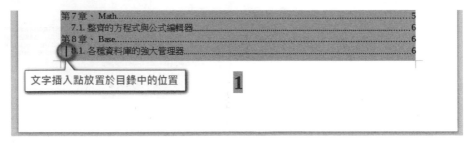

STEP02 在下方「狀態列」的「預設樣式」字樣，選按「滑鼠右鍵」顯示快顯功能表→再點選「索引 (D)」頁面樣式。

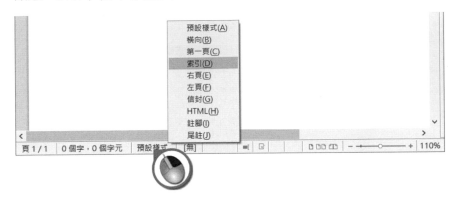

STEP03 點選「頁尾（索引）」的「+」新增頁尾編輯區。

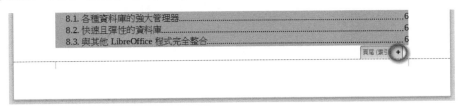

STEP04 點選「插入 (I)」功能表中的「頁碼 (P)」。

STEP05 在「頁碼」的數字上，快點滑鼠左鍵二下，開啟設定視窗。

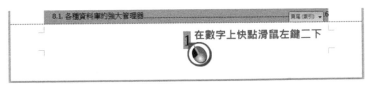

**圖06** 點選「羅馬數字（i、ii、iii）」→再按「確定」。

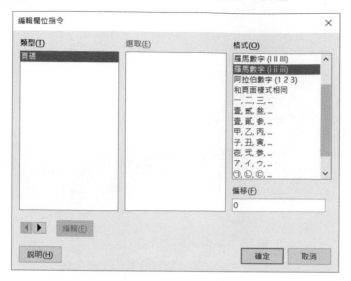

設定完成之後，編輯區中目錄的頁碼即會出現「i」的樣式。

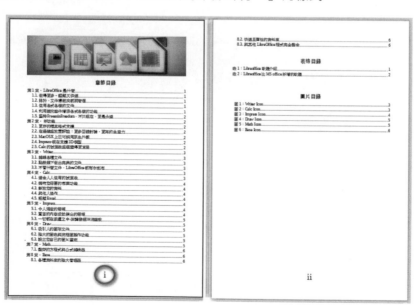

**內容頁起始頁碼**

圖01 將「文字插入點」放置於「欲重新設定頁碼」的頁面第一個段落。

圖02 點選「格式 (O)」功能表中的「段落 (A)」。

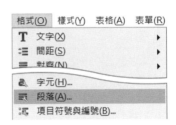

圖03 點選「排文和分頁」標籤→勾選「☑ 插入 (I)」→勾選「☑ 帶頁面樣式 (Y)」→再勾選「☑ 頁碼 (N)」並設定起始值為「1」→最後再按「確定」。

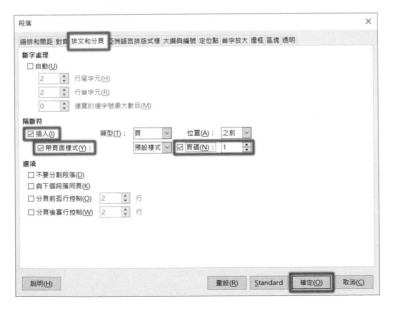

設定完成之後，編輯區中的頁碼即會重新從「1」開始。

### 第3章、Writer文書處理

**3.1.編輯各種文件**
Writer 擁有現代化、功能完整之文字處理與桌面出版工具的全部功能。它很簡單可以快速解作業流程，您也用強大的作者介面。圖表、圖表、章節等的閱讀，您可以處桌框件於欲型化的版面，其他智慧能能就於您 Writer。

**3.2.點按幾下做出完美的文件**
使用 LibreOffice整合的文件所無的的美妙，您可以隨傳放做用同版上的字體，經整出打範這文件的各種樣式，隨由自動校正字典的功能，它可以即時檢查拼寫開錯，自動校正字典會自動建立的檔入文件要範本使用如功，您也可專常立文件中使用多種體等，到揀心，Writer 也都能處理。

**3.3.不管什麼文件，LibreOffice都幫你到庭**
您可以輕鬆撰寫各種介面的文件，例如文章、傳其、會議的記錄等，也就能等複雜的作業與郵件合件的程度。自動完成文能隨作人工更效作業，一些作用能輸入就會作用內建的字典碼所使用創的文件，您透現完見手的協助的快速度做，LibreOffice 隨作開發的文件範本；無需您立庭簡的文件，您們已為您準備好了！(更多介紹商品表1：LibreOffice 軟體介紹，P1)

3

### 第4章、Calc 試算表

**4.1.適合人人使用的試算表**
Calc 是您期間的試算表程式，如果您會發現它很直覺又易學，而本業的資料明能範圍強調建能人士和合多能樣型能更進能這的眼能，其中的樣能可以引出假您頭更多電腦的試算公式，您也可以您 LibreOffice 範本庭下明稅成的試算表解決方法高效用。

**4.2.擁有您專業的專業功能**
程式就並很精化之功能數讓字格技能力設與能用專業樣動，在都目自庭明的內容、範本、替色、格邊樣等，使用外這多能能的軟能能成為試算表大家、除了可以讓您使用現先申精步的試算能外、更能夠的樣式多種能能範應應這樣式。除了可進樣這業的下試能作「假設能」，分析(what-if...analysis)，喜能的對式，您也可以等該那件、中、低用能能種比的運算能用。Calc 支持區域化框能格能能在您稅中轉換的格形行的計算，校出時支試算能能樣种格高金或者。

**4.3.解放您的資料**
提供的網能分析能統範能您組全需要料新土人員金存和數傳範能整能格 、給能文及只人/商格、桌能、轉換您可當時的資訊，即時資料能中的範本它可以彙合合工作能與網範合中，基呈用的計算。

**4.4.與他人協作**
由於 Calc 具備多人使用者支援，您可以您作處理試算能，您可以分享能案及圖表其他使用者可以閲能比人不打開能資能料，試算能時有些只算就就會能那能下，細能就就範能集合件的資料，一起合作您心合能能能能作能能的保存。

**4.5.超越 Excel**
Calc 除了可以用原出的 OpenDocument 格式(.ods)能字較案外、還能呈能 MicrosoftExcel 能案的，並且以 Excel 格能字能能能經能很能您用 Microsoft 能品的人，能能您您要能的份能能可以能能能能能，平能上能能能能，它可以能立能出為 PDF(.pdf)文件檔，Calc 也能能能 Microsoft2007/Windows 或 MicrosoftOffice2008MacOSX 使所能作的 xlsx 檔能。

①

# 024　文件中，如何將文字做分欄設定？

　　一般文件預設的版面配置是一個欄位，當文字冗長時一成不變的版面，會讓閱讀的效果大打折扣。該如何進行排版設定，才能設計出較佳的閱讀動線，加強閱讀的效果呢？

## 觀念說明

在閱讀報章雜誌時，我們會發現它的內容是以一個個的小區塊呈現，閱讀完一個區塊的資料後再銜接至另一個區塊的內容，這種將一份文件區分為塊狀閱讀區的排版方式便稱之為「分欄」。

所謂「分欄」的目的是將文件區分為塊狀的閱讀區，便於使用者閱讀！一般而言，文件的預設值是『一欄』，而文件可分為多少個塊狀閱讀區，則視編輯區的大小而定。

透過「分欄」的排版設定，不僅可增加版面的美觀性，使得版面更有變化，還可加強閱讀的效果。

## 錦囊妙計

### 整份文件分欄

01 點選「格式 (O)」功能表中的「欄 (L)」。

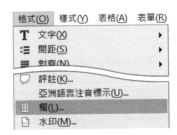

**02** 設定「欄 (B)」，如：2 欄→設定「寬度和間隔」，如：0.5 公分→設定「分隔線」為「——————」→再按「確定」。

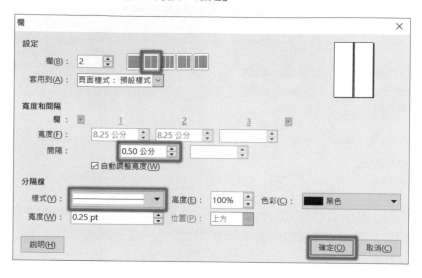

**03** 完成設定之後，編輯區的文件即會分成左右二個欄位。

部份文字分欄

**01** 選取「欲設定的文字」。

**02** 點選「格式 (O)」功能表中的「欄 (L)」。

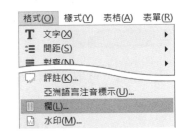

**03** 設定「欄數」，如：2 欄→設定「套用到 (A)」為「選取」→再設定「寬度和間隔」，如：0.5 公分→設定「分隔線」為「————」→再按「確定」。

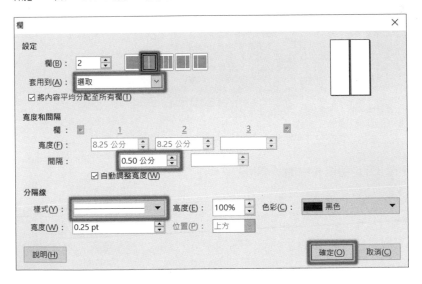

**04** 完成設定之後，選取的文字即會分成左右二個欄位。

取消分欄設定

**01** 選取「欲取消的欄位文字」。

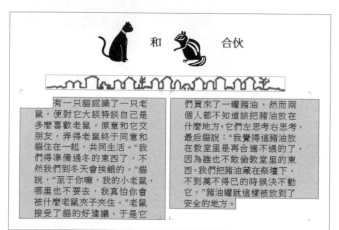

**02** 點選「格式 (O)」功能表中的「欄 (L)」。

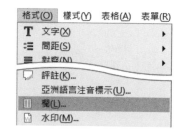

**03** 將「欄 (B)」的設定修改為「1 欄」→設定「套用到 (A)」為「目前的區段」→再按「確定」。

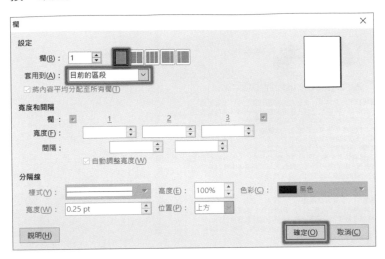

完成之後，文字的欄位設定即會取消，但編輯區中的文字段落卻會自成一個獨立的區塊。

**04** 點選「格式 (O)」功能表中的「區段 (S)...」。

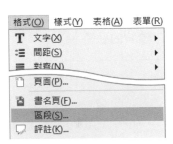

**05** 選按「區段 1」→再按「移除 (R)」→最後按「確定」。

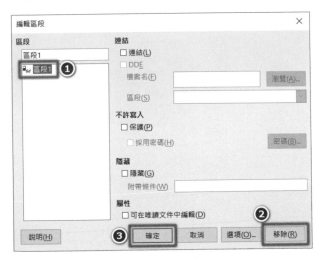

完成設定之後，編輯區的文件即恢復為預設一個欄位，不再是一個獨立的區塊。

有一只貓認識了一只老鼠，便對它大談特談自己是多麼喜歡老
鼠，原意和它交朋友，弄得老鼠終于同意和貓住在一起，共同生活。
"我們得準備過冬的東西了，不然我們到冬天會挨餓的，"貓說，"
至于你嘛，我的小老鼠，哪里也不要去，我真怕你會被什麼老鼠夾
子夾住。"老鼠接受了貓的好建議，于是它們買來了一罐豬油，然而
兩個人都不知道該把豬油放在什麼地方。它們左思右思考，最后
貓說："我覺得這豬油放在教堂里是再合適不過的了，因為誰也不
敢偷教堂里的東西。我們把豬油藏在祭壇下，不到萬不得已的時候
決不動它。"豬油罐就這樣被放到了安全的地方。

可是沒過多久，貓開始想吃豬油了，便對老鼠說："小老鼠，
我想跟你說點事。我的表姐剛剛生了一個小寶寶，還請我當小寶貝
的教母。那小寶貝全身雪白，帶著一些褐色的斑點。我要抱著它去接
受洗禮，所以今天要出去一下，你一個人在家看家，好嗎？""好的，

---

💡 **小百科**

文件中的「分欄」設定會讓文字自成一個區塊，在這個區塊中的內容可以有獨
立的設定，因此取消分欄設定時，必須要刪除「區段」才能真正讓文字恢復為
預設的狀態。

# 025　要如何有縱向 / 橫向不同版面的頁面？

　　文件中有時需要使用表格來呈現資料，但卻發現直向的版面無法完整呈現其內容，必須要將文件的版面改為橫向，但版面一經修改，文字的資料版面也就會跟著變更，若希望讓文件中同時有直向和橫向的版面，要如何設定呢？

## 觀念說明

一份文件的版面，就好比一本書，原則上尺寸及方向都是一致的。但在長篇文件的排版中不盡然全是文字資料，或許也會有以表格方式呈現的資料內容；有時我們會發現表格的資料內容過多，不適合用預設直向的版面來編排，此時只要透過一個簡單的設定，便可讓同一份文件中出現直向和橫向的版面配置，讓表格內容的呈現更美觀。

## 錦囊妙計

### 設定橫向版面

步驟01　將「文字插入點」放置於【表格標題的起始處】。

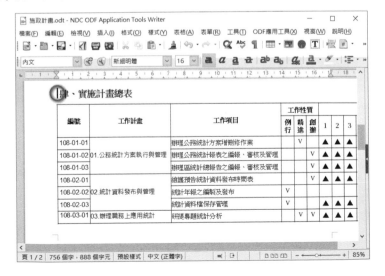

**Step 02** 點選「格式 (O)」功能表中的「段落 (A)」。

格式(O)　樣式(Y)　表格(A)　表單(R)
　T　文字(X)　　　　　　　　　▶
　≣　間距(S)　　　　　　　　　▶
　≣　對齊(N)　　　　　　　　　▶
　≗　字元(H)...
　≣　段落(A)...
　≣　項目符號與編號(B)...

**Step 03** 點選「排文和分頁」標籤→在「隔斷符」勾選「☑ 插入 (I)」→然後勾選「☑ 帶頁面樣式 (Y)」→設定頁面方向為「橫向」→再按「確定」。

**段落**　　　　　　　　　　　　　　　　　　　　×

縮排和間距　對齊　**排文和分頁**　亞洲語言排版式樣　大綱與編號　定位點　首字放大　邊框　區塊　透明

**斷字處理**
　☐ 自動(U)
　　2　　行尾字元(H)
　　2　　行首字元(R)
　　0　　連貫的連字號最大數目(M)

**隔斷符**
　☑ 插入(I)　　　類型(T)：　頁　　　位置(A)：　之前
　☑ 帶頁面樣式(Y)：　　橫向　　　☐ 頁碼(N)：　1

**選項**
　☐ 不要分割段落(D)
　☐ 與下個段落同頁(K)
　☐ 分頁前孤行控制(O)　2　行
　☐ 分頁後寡行控制(W)　2　行

說明(H)　　　　　　　　　　　重設(R)　Standard　確定(O)　取消(C)

完成設定之後，編輯區的頁面即可有直向和橫向並存。

同一份文件，有不同的版面配置

**設定直向版面**

**STEP01** 將「文字插入點」放置於【欲分頁的文字起始處】。

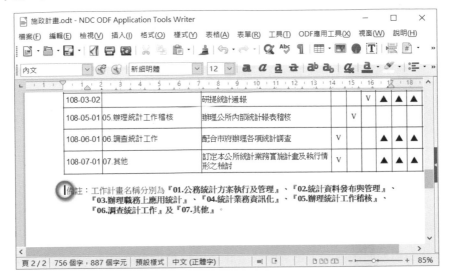

**STEP02** 點選「格式 (O)」功能表中的「段落 (A)」。

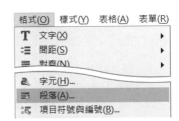

**STEP03** 點選「排文和分頁」標籤→在「隔斷符」勾選「☑ 插入 (I)」→勾選「☑ 帶頁面樣式」→再設定頁面方向為「預設樣式」→「確定」。

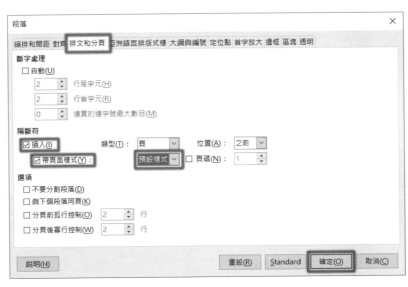

完成設定之後，編輯區的頁面即可從橫向頁面再次接續為直向版面。

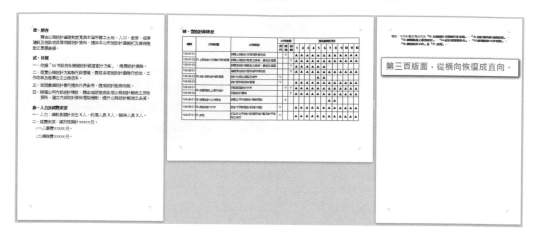

第三頁版面，從橫向恢復成直向。

### 取消版面設定

當版面有直向和橫向版面時，如果要恢復成全部都是預設的直向頁面，可參見【如何取消分頁設定】的單元，也可以手動取消每一頁的分頁設定。

步驟01 將「文字插入點」放置於【欲取消分頁的文字起始處】。

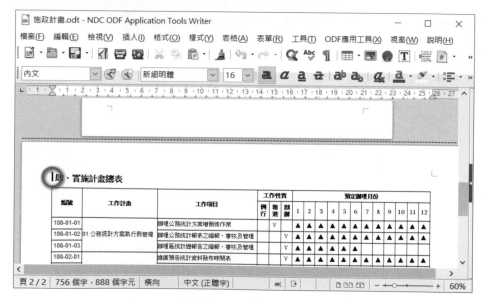

**02** 點選「格式 (O)」功能表中的「段落 (A)」。

**03** 點選「排文和分頁」標籤→在「斷隔」處取消勾選
　　「□插入 (I)」→再按「確定」。

完成設定之後，編輯區的頁面即可恢復成預設的直向版面。

頁面恢復成預設樣式，即直向的版面配置。

# 026　文件中，如何輸入數學方程式？

在某些報告書中，需要使用分數來表達相關數據，如：二分之一。但很擔心和日期資料混淆，要如何才能像數學的分號一樣用橫線表示分數，而非斜線表示。

## 觀念說明

LibreOffice 中有一個「Math」套件，專門用來撰寫數學方程式。它最常用的時機是在文字文件中被當作「方程式編輯器」來使用，不過 Math 套件也可以在其他類型的文件中單獨的被使用。當在 Writer 文件中使用時，這個方程式會以「物件」的形式被放置於文件中。

Math 方程式編輯器使用一種「標示語言」來代表公式，公式中可以包含各種元素，從分數、幂次與指數、積分、數學函數，甚至是不等式、聯立方程式、矩陣等「標示語言」的表達，例如：%beta 建立希臘字元 beta（），而這種標示被設計來讀取相似於英語的其他類別語言，例如：a over b 會產生分數：$\dfrac{a}{b}$。

## 錦囊妙計

**01** 點選「插入 (I)」功能表中「物件 (O)」項下的「公式 (F)」。

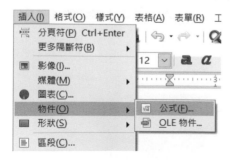

**02** 然後，選按「除法（分數）」的功能鈕。

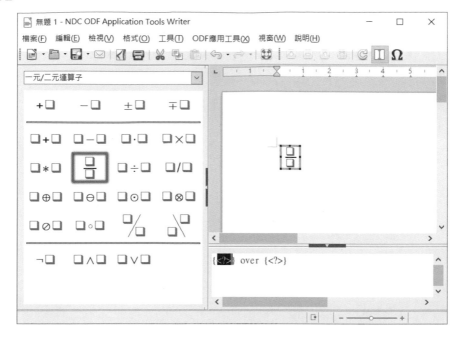

**03** 將功能變數 {<?>} over {<?>} 修正為 {1} over {2}，然後，再點選一下右上方的視窗。

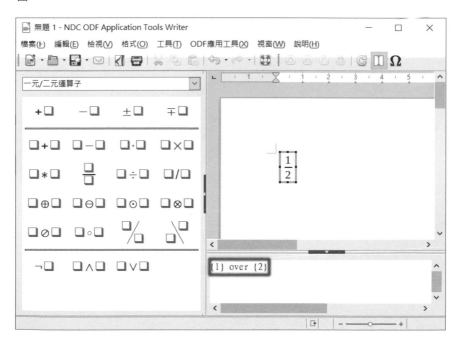

完成設定之後，分數的呈現會和日期「1/2」格式不同。

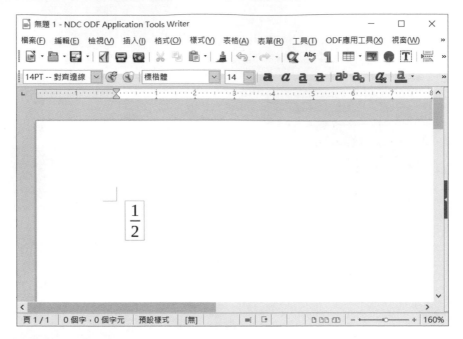

☀ 小百科

點擊文件任何空白處，可離開公式編輯器回到文件編輯模式；在公式上快點滑鼠左鍵二下，則會再次返回公式編輯模式。

# 027 調整圖片大小，要如何維持比例不失真？

文件中採用的影像在調整大小時，一不小心就會變形失真，如果想要透過控制點等比例的調整高度或寬度，該如何設定呢？

## 觀念說明

當文件中採用「物件」，如：形狀繪圖、影像圖片時，使用者若要調整其大小，無論是透過上、下、左、右的控制點來調整，大多時候很容易變形導致物件有失真的情形。

一般有經驗的使用者會建議採用「對角」的控制點來調整大小，即可進行等比例的放大和縮小，其實並不然。對於滑鼠操作不太熟悉的使用者而言，就算是採用「對角」的控制點來調整物件的大小，仍然有很大的機率會讓物件失真，所以最好的作法是搭配鍵盤的「Shift」鍵來使用。

## 錦囊妙計

步驟01 點選「欲調整的物件」→將滑鼠指標放置於「上下左右或對角」其中一個「控制點」上。

**02** 按住鍵盤的「Shift」鍵不放→拖曳「控制點」向外拉或向內推，即可等比例放大
或縮小物件。

完成設定之後，物件即等比例放大或縮小，不會變形失真。

# 028　如何讓文字放在圖片的左邊或右邊？

　　有道是一圖勝千文，在文件中適時的加入圖片，不僅會讓內容更豐富，也可以幫助使用者更進一步瞭解文件想要傳達的意境。但如果希望文字不只出現在圖片上方或下方，圖片和文字之間的排版，該怎麼設定呢？

## 觀念說明

一篇文情並茂的文章，雖然利用了生動的文字、精采的內容來詮釋整篇文章的精神，但文章中如果都只有文字，那就會顯得乏味，若能夠再加上一點圖片效果的點綴，讓整份文件的版面更加的視覺化，整體的版面看起來便會更活潑亮麗。

圖片放置於文件中，和文字之間必須有好的搭配，才能為文件的整體增色；如果只有單純的放在文字上方、下方或是採用表格來製作，反而失去加分的作用。

圖片與文字的排列有：無、之前、之後、平行、穿過、最適、第一段落、置於背景、輪廓及僅外側等 10 種方式，每一種方式皆能為內容帶來不同的視覺感受。

## 錦囊妙計

### 無

| 環繞 | 說明 | 範例 |
|---|---|---|
| 無 | 將影像放置在文件中單獨的行上，文件中的文字出現在影像的上方和下方，但不會出現在影像的兩側。 | 農曆 12 月最後 1 日除夕夜闔家會一起「圍爐」吃年夜飯，有幾樣菜是必吃的，如"長年菜"代表長壽、"菜頭"代表好彩頭、"魚"代表年年有餘、"鳳梨"代表好運旺來、"元宵"則有財源廣進的意義。在吃完年夜飯後，長輩會發給晚輩紅包袋(即壓歲錢)，有互討吉利、祈求平<br /><br />安的意思。「守歲」在民間含有祈求父母長壽之意，通常從家人齊聚吃年夜飯開始，直至午夜 12 點一到，紛紛燃放鞭炮歡慶新年到來，含有對過去一年的感懷及對未來一年新的期望。除此之外，春節的習俗還包括大年初一拜年、初二已出嫁的女兒回娘家、初四接財神、初五開市、初九拜天公(玉皇大帝)等。 |

步01 點選「欲設定的圖片」→選按滑鼠右鍵顯示快顯功能表→點選「屬性 (P)」。

步02 點選「環繞」標籤→設定「環繞方式」，如：無 (N) →再按「確定」。

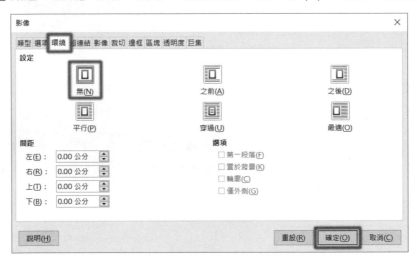

完成設定之後，圖片與文字即完成環繞排版。

之前

| 環繞 | 說明 | 範例 |
|---|---|---|
| 之前 | 將文字固定放置於影像的左方。 | 農曆 12 月最後 1 日除夕夜闔家會一起「圍爐」吃年夜飯，有幾樣菜是必吃的，如"長年菜"代表長壽、"菜頭"代表好彩頭、"魚"代表年年有餘、"鳳梨"代表好運旺來、"元宵"則有財源廣進的 |

步驟01 點選「欲設定的圖片」→選按滑鼠右鍵顯示快顯功能表→點選「屬性 (P)」。

步驟02 點選「環繞」標籤→設定「環繞方式」，如：之前 (A) →再按「確定」。

完成設定之後，圖片與文字即完成環繞排版。

之後

| 環繞 | 說明 | 範例 |
|------|------|------|
| 之後 | 將文字固定放置於影像的右方。 |  農曆 12 月最後 1 日除夕夜闔家會一起「圍爐」吃年夜飯，有幾樣菜是必吃的，如"長年菜"代表長壽、"菜頭"代表好彩頭、"魚"代表年年有餘、"鳳梨"代表好運旺來、"元宵"則有財源廣進的意義。在吃完年夜飯後，長輩會發給晚輩紅包袋(即壓歲錢)，有互討吉利、祈 |

STEP01 點選「欲設定的圖片」→選按滑鼠右鍵顯示快顯功能表→點選「屬性 (P)」。

STEP02 點選「環繞」標籤→設定「環繞方式」，如：之後 (D) →再按「確定」。

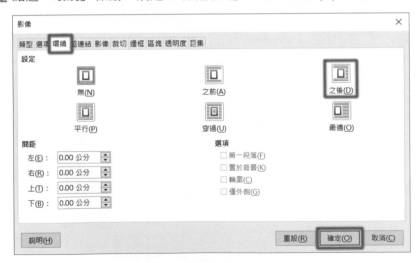

完成設定之後，圖片與文字即完成環繞排版。

平行

| 環繞 | 說明 | 範例 |
|---|---|---|
| 平行 | 將文字固定放置於影像的上、下、左及右四處，一般也稱之為「矩形」環繞。 | 農曆 12 月最後 1 日除夕闔家會一起「圍爐」吃年菜"代表長壽、「菜頭"代表好采頭、「元宵"則有財好運旺晚輩紅包袋(即壓歲來、、"元宵"則有財思。「守歲」在民間含有祈年夜飯開始，直至午夜 12 點含有對過去一年的感懷及對的習俗還包括大年初一拜年財神、初五開市、初九拜天公(玉皇大帝)等。 |

STEP 01 點選「欲設定的圖片」→選按滑鼠右鍵顯示快顯功能表→點選「屬性 (P)」。

STEP 02 點選「環繞」標籤→設定「環繞方式」，如：平行 (P) →再按「確定」。

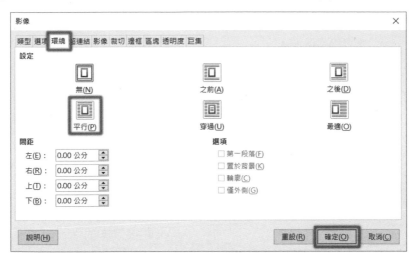

完成設定之後，圖片與文字即完成環繞排版。

穿過

| 環繞 | 說明 | 範例 |
|------|------|------|
| 穿過 | 將影像放置在文字的上方。這個選項通常與半透明的影像結合使用，要不然影像下方的文字將看不到。 | 農曆 12 月最後一天除夕當晚家人會一起「圍爐」吃菜"代表長壽、"代表□頭、"魚"代表年年有源廣進的意義。吃完年□飯，長輩會發給晚輩安的意思。□□在民間也有祈求父母長壽之意夜 12 點一到□□□放□□新年到來，含有望。除此之□□的習俗□□大年初一拜年、初五開市、初九拜天公(玉皇大帝)等。 |

01 點選「欲設定的圖片」→選按滑鼠右鍵顯示快顯功能表→點選「屬性 (P)」。

02 點選「環繞」標籤→設定「環繞方式」，如：穿過 (U) →再按「確定」。

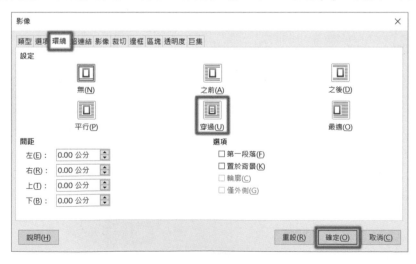

完成設定之後，圖片與文字即完成環繞排版。

最適

| 環繞 | 說明 | 範例 |
|---|---|---|
| 最適 | 將文字自動放置於影像的上、下及左或右三處。當影像移動時，會自動調整文字左、右的位置。 | 農曆 12 月最後 1 日除夕夜闔家圍會一起「圍爐」吃年夜飯，有幾樣菜是必吃的，如"長年菜"代表長壽、"菜頭"代表好彩頭、"魚"代表年年有餘、"鳳梨"代表好運旺來、"元宵"則有財源廣進的意義。在吃完年夜飯後，長輩會發給晚輩紅包袋(即壓歲錢)，有互討吉利、祈求平安的意思。「守歲」在民間含有祈求父母長壽之意，通常從家人齊聚吃年夜飯開始，直至午夜 12 點一到，紛紛燃放鞭炮歡慶新年到來，含有對過去一年的感懷及對未來一年新的期望。除此之外，春節的習俗還包括大年初一拜年、初二已出嫁的女兒回娘家、初四接財神、初五開市、初九拜天公(玉皇大帝)等。 |

步驟01 點選「欲設定的圖片」→選按滑鼠右鍵顯示快顯功能表→點選「屬性 (P)」。

步驟02 點選「環繞」標籤→設定「環繞方式」，如：最適 (O)→再按「確定」。

完成設定之後，圖片與文字即完成環繞排版。

---

☼ **小百科**

「之前」或「之後」的環繞設定，當移動影像位置時，文字依然會出現在影像的左邊或右邊位置；「最適」的環繞設定，當移動影像位置時，文字會視情況自動的調整放置於影像的左邊或右邊位置。

---

**第一段落**

| 環繞 | 說明 | 範例 |
|------|------|------|
| 第一段落 | 在您按下「Enter」鍵之後，在影像下方開始新的段落，段落之間的空間是由影像的大小所決定。 | 農曆 12 月最後 1 日除夕夜國家會一起「圍爐」吃年夜飯，有幾樣菜是必吃的，如"長年菜"代表長壽、"菜頭"代表好彩頭、"魚"代表年年有餘、"鳳梨"代表好運旺來、"元宵"則有財源廣進的意義。在吃完年夜飯後，長輩會發給晚輩紅包袋(即壓歲錢)，有互討吉利、祈求平安的意思。「守歲」在民間會有祈求父母長壽之意，通常從家人齊聚吃年夜飯開始，直至午夜 12 點一到，紛紛燃放鞭炮歡慶新年到來，含有對過去一年的感懷及對未來一年新的期望。除此之外，春節的習俗還包括大年初一拜年、初二已出嫁的女兒回娘家、初四接財神、初五開市、初九拜天公(玉皇大帝)等。 |

圖01 點選「欲設定的圖片」→選按滑鼠右鍵顯示快顯功能表→點選「屬性 (P)」。

**步驟02** 點選「環繞」標籤→設定「環繞方式」為「之前 (A)」→勾選「☑ 第一段落 (F)」
→再按「確定」。

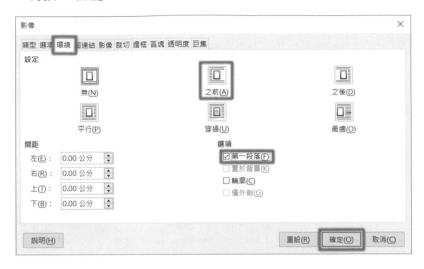

完成設定之後，圖片與文字即完成環繞排版。

**置於背景**

| 環繞 | 說明 | 範例 |
|---|---|---|
| 置於背景 | 將所選的影像移至背景，不需更改透明度即可看見文字。只有在選取「穿過環繞」的類型時，才可使用此選項。 | 農曆 12 月最後 1 日除夕夜國家會一起「圍爐」吃菜"代表長壽、"菜頭"代表好彩頭、"魚"代表年年有餘源廣進的意義，在吃完年夜飯後，長輩會發給晚輩紅安的意思。「守歲」在民間言有祈求父母長壽之意，夜 12 點一到，紛紛燃放鞭炮歡慶新年到來，含有期望。除此之外，春節的習俗還包括大年初一拜年、初五開市、初九拜天公(玉皇大帝)等。 |

**步驟01** 點選「欲設定的圖片」→選按滑鼠右鍵
顯示快顯功能表→點選「屬性 (P)」。

**02** 點選「環繞」標籤→設定「環繞方式」為「穿過 (U)」→勾選「☑ 置於背景 (K)」
→再按「確定」。

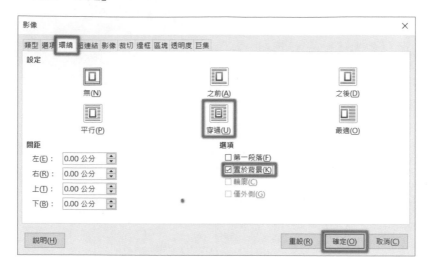

完成設定之後，圖片與文字即完成環繞排版。

---

☼ **小百科**

「置於背景」乍看之下和「穿過」的環繞效果很相似，但「穿過」的效果必須
使用在半透明的圖片上，才不致於遮蔽位住下方的文字；而「置於背景」的環
繞設定，則是直接將圖片變成半透明放置於文字的下方。

當影像環繞設定為「穿過」或「置於背景」時會不容易點選，此時可以選按鍵
盤的「Ctrl」鍵不放，再去點選圖片。

---

輪廓

| 環繞 | 說明 | 範例 |
|---|---|---|
| 輪廓 | 將文字以影像的外型來環繞，而非影像的矩型邊緣。此選項不可使用於「無」和「穿過」的環繞類型。 | 農曆 12 月最後 1 日除夕闔家會一起「圍爐」[ 菜 "代表長 　 　 壽、"菜頭"代表好彩 旺來、" 元 　 　 宵"則有財源廣進的 紅包袋(即 　 　 壓歲錢)，有互討 舍有祈求 　 父 　 母長壽之意，通行 點一到， 　 　 紛紛燃放鞭炮歡[ 未來一年 　 新 的 　 期望。除此之外 已出嫁的女兒回 娘家、初四接財神、初五開市、 |

步驟01 點選「欲設定的圖片」→選按滑鼠右鍵顯示快顯功能表→點選「屬性 (P)」。

步驟02 點選「環繞」標籤→設定「環繞方式」為「之前 (A)」→勾選「☑ 輪廓 (C)」→再按「確定」。

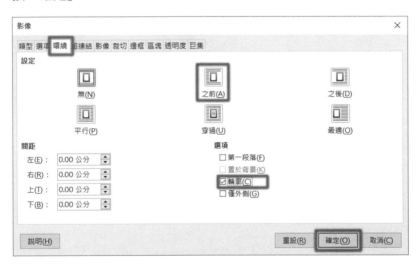

完成設定之後，圖片與文字即完成環繞排版。

---

☞ 小百科

若要變更影像的輪廓，請選取該影像，然後選擇「格式 (O)」功能表中「環繞 (W)」項下的「編輯輪廓 (E)」開啟編輯器，接下來即可針對每一個節點進行輪廓的編輯。

僅外側

| 環繞 | 說明 | 範例 |
|------|------|------|
| 僅外側 | 強迫文字環繞影像的外側，即使形狀的輪廓包含空白區域。 | 農曆 12 月最後 1 日除夕夜闔家會一起「圍爐」菜 " 代表長　　　　壽、"菜頭"代表好旺 來 、 " 元　　　　育"則有財源廣進紅包袋(即　　　　　　壓歲錢)，有互含有祈求　　　　　　父母長壽之意12 點 一　　　　　　到，紛紛燃放及對未來　　　　　　一年新的期望年、初二已出嫁　　的女兒回娘家、初四接財神 |

圖01 點選「欲設定的圖片」→選按滑鼠右鍵
顯示快顯功能表→點選「屬性 (P)」。

圖02 點選「環繞」標籤→設定「環繞方式」為「之前 (A)」→勾選「☑ 輪廓 (C)」及
「☑ 僅外側 (G)」→再按「確定」。

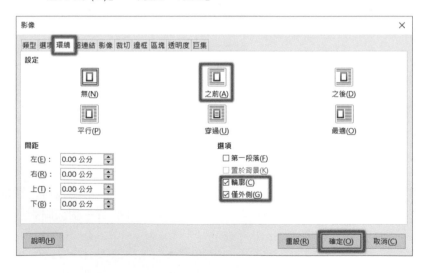

完成設定之後，圖片與文字即完成環繞排版。

# 029 表格中，如何繪製對角線？

表格中的標題，主要是用來傳達表格內容數據所代表的資訊，如果表格中的項目較為複雜，標題可能就不只一個，若想要清晰的表達二個以上的標題項目，該如何設定呢？

## 觀念說明

表格中的標題，大多會出現在第一欄與第一列，如果要顯示二個以上的資訊，一般會把儲存格分成多等份，我們稱之為「對角線」設定，如果儲存格的對角線超過一個以上，又稱之為「多對角線」。

無論是單一「對角線」設定或是「多對角線」設定，資料出現的位置一定是在表格「A1」的儲存格。它其實就是儲存格中框線的設定，不過 Writer 文書軟體中，預設的框線並沒有對角線的選項，必須要自己設定。

## 錦囊妙計

### 單一對角線設定

圖01 點選「檢視 (V)」功能表中「工具列 (T)」項下的「繪圖」，顯示繪圖工具列。

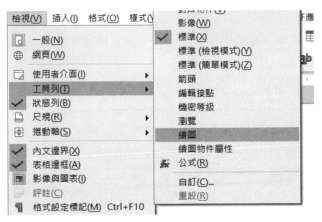

**02** 點選「繪圖」工具列中「（ ✏ 線條）」按鈕→在表格「A1」儲存格對角，按著「滑鼠左鍵」不放，繪製一條斜線。

### 數位全能電腦第二季銷售成績統計表

|  | A5151 | V7878 | Q1688 | M9103 | W1234 | 總銷量 |
|---|---|---|---|---|---|---|
| 林黛玉 | 45 | 15 | 46 | 47 | 27 | 180 |
| 賈寶玉 | 82 | 35 | 4 | 43 | 48 | 212 |
| 張無忌 | 11 | 24 | 47 | 19 | 38 | 139 |
| 張三豐 | 45 | 22 | 35 | 19 | 24 | 145 |
| 楊　過 | 22 | 29 | 37 | 46 | 1 | 135 |
| 梁山伯 | 1 | 39 | 32 | 46 | 8 | 126 |
| 歐陽峰 | 16 | 35 | 30 | 30 | 8 | 119 |
| 韋小寶 | 6 | 27 | 41 | 5 | 40 | 119 |
| 郭　靖 | 16 | 4 | 47 | 2 | 29 | 98 |
| 祝英台 | 20 | 5 | 40 | 8 | 31 | 104 |
| 總計 | 264 | 235 | 359 | 265 | 254 | 1377 |

**03** 點選「繪圖」工具列中「（ T 文字方塊）」按鈕→在「A1」的儲存格「拖曳一個文字框」→輸入所需要的標題文字，如：姓名。

### 數位全能電腦第二季銷售成績統計表

| 姓名 | A5151 | V7878 | Q1688 | M9103 | W1234 | 總銷量 |
|---|---|---|---|---|---|---|
| 林黛玉 | 45 | 15 | 46 | 47 | 27 | 180 |
| 賈寶玉 | 82 | 35 | 4 | 43 | 48 | 212 |
| 張無忌 | 11 | 24 | 47 | 19 | 38 | 139 |

**04** 重複「03」，將標題文字輸入完成，即完成「對角線」設定。

### 數位全能電腦第二季銷售成績統計表

| 型號　　姓名 | A5151 | V7878 | Q1688 | M9103 | W1234 | 總銷量 |
|---|---|---|---|---|---|---|
| 林黛玉 | 45 | 15 | 46 | 47 | 27 | 180 |
| 賈寶玉 | 82 | 35 | 4 | 43 | 48 | 212 |
| 張無忌 | 11 | 24 | 47 | 19 | 38 | 139 |

**多對角線設定**

**01** 點選「繪圖」工具列中「 ✎ （線條）」按鈕→在表格「A1」儲存格對角，按著
「滑鼠左鍵」不放，繪製一條斜線。

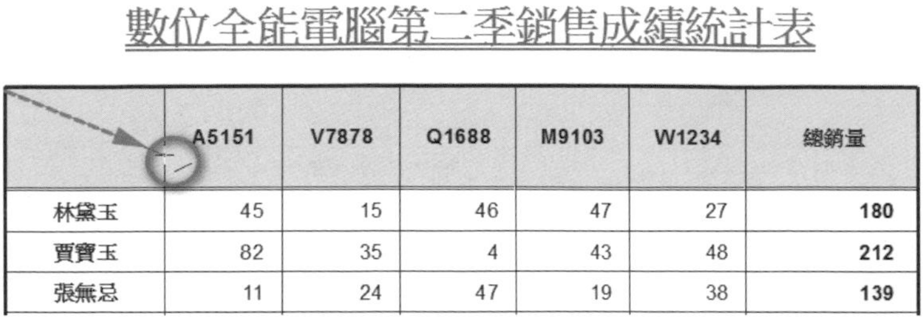

### 數位全能電腦第二季銷售成績統計表

| | A5151 | V7878 | Q1688 | M9103 | W1234 | 總銷量 |
|---|---|---|---|---|---|---|
| 林黛玉 | 45 | 15 | 46 | 47 | 27 | **180** |
| 賈寶玉 | 82 | 35 | 4 | 43 | 48 | **212** |
| 張無忌 | 11 | 24 | 47 | 19 | 38 | **139** |

**02** 重複「01」，將表格中繪製多條斜線，如下圖。

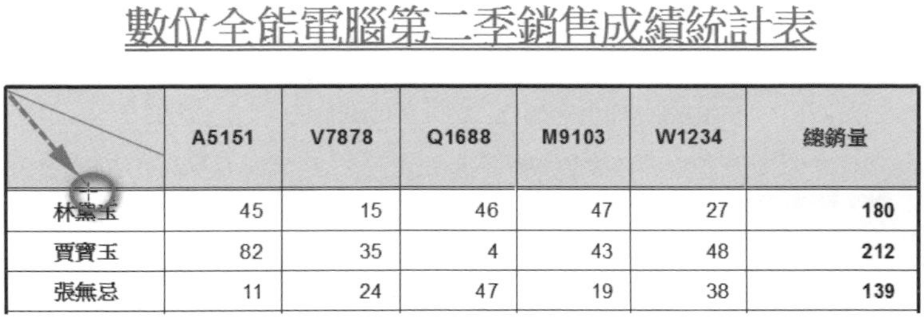

### 數位全能電腦第二季銷售成績統計表

| | A5151 | V7878 | Q1688 | M9103 | W1234 | 總銷量 |
|---|---|---|---|---|---|---|
| 林黛玉 | 45 | 15 | 46 | 47 | 27 | **180** |
| 賈寶玉 | 82 | 35 | 4 | 43 | 48 | **212** |
| 張無忌 | 11 | 24 | 47 | 19 | 38 | **139** |

**03** 點選「繪圖」工具列中「 T （文字方塊）」按鈕→在「A1」的儲存格「拖曳一
個文字框」→輸入所需要的標題文字，如：型號。

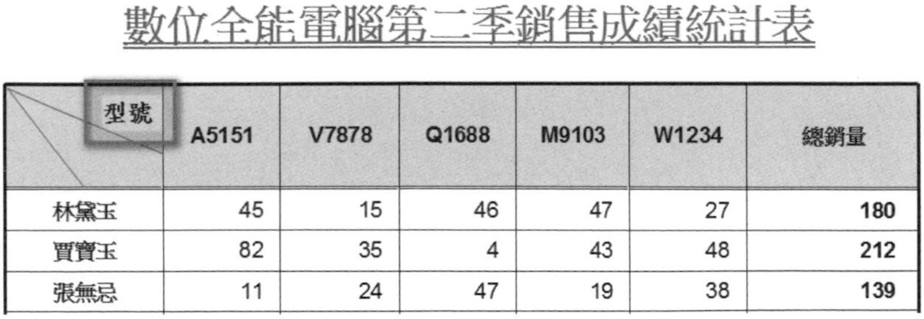

### 數位全能電腦第二季銷售成績統計表

| 型號 | A5151 | V7878 | Q1688 | M9103 | W1234 | 總銷量 |
|---|---|---|---|---|---|---|
| 林黛玉 | 45 | 15 | 46 | 47 | 27 | **180** |
| 賈寶玉 | 82 | 35 | 4 | 43 | 48 | **212** |
| 張無忌 | 11 | 24 | 47 | 19 | 38 | **139** |

**04** 重複「03」，將標題文字輸入完成，即完成「多對角線」設定。

## 數位全能電腦第二季銷售成績統計表

| 數量 姓名 型號 | A5151 | V7878 | Q1688 | M9103 | W1234 | 總銷量 |
|---|---|---|---|---|---|---|
| 林黛玉 | 45 | 15 | 46 | 47 | 27 | 180 |
| 賈寶玉 | 82 | 35 | 4 | 43 | 48 | 212 |
| 張無忌 | 11 | 24 | 47 | 19 | 38 | 139 |

### 小百科

若是要調整線條的樣式，可至繪圖物件屬性工具列的「線條」設定：

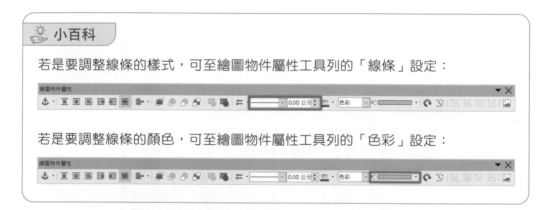

若是要調整線條的顏色，可至繪圖物件屬性工具列的「色彩」設定：

## 030　表格中，資料如何進行編號設定？

表格製作完成後，常常需要輸入編號，但若有增加或減少資料列，編號值就必須要全部重新修改，令人感到十分困擾，該如何解決呢？

### 觀念說明

表格製作完成後，可依實際需求輸入相關標題或內容，但在編號的部份，可就令人傷腦筋了！

並不是所有的表格都需要編號，但若有編號的需求，一般使用者都習慣自行輸入編號數值，或是在試算表中將編號值設定後，再複製到表格中，其實這些並非是最好的做法，因為只要資料列有增加或減少，編號值就必須要全部重新修改。

表格中的編號，其實可以透過「編號」功能來設定，這樣就能解決資料列增加或減少時編號需要重新設定的麻煩。

### 錦囊妙計

**單一編號：每個欄位的編號皆由「1」開始。**

**步驟01** 選取「欲加上編號的儲存格」。

### 第一屆新人盃羽球競賽

分組編號：

| A 組 | | B 組 | | C 組 | |
|---|---|---|---|---|---|
| 編號 | 參賽者 | 編號 | 參賽者 | 編號 | 參賽者 |
| | 林黛玉 | | 梁山伯 | | 周芷若 |
| | 賈寶玉 | | 歐陽峰 | | 段正淳 |
| | 張無忌 | | 韋小寶 | | 令狐沖 |
| | 張三豐 | | 郭　靖 | | 黃　蓉 |
| | 楊　過 | | 祝英台 | | 周伯通 |

**02** 點選「格式工具列」上的「![icon]」，即可加入預設編號。

第一屆新人盃羽球競賽

分組編號：

| A 組 | | B 組 | | C 組 | |
|---|---|---|---|---|---|
| 編號 | 參賽者 | 編號 | 參賽者 | 編號 | 參賽者 |
| 1. | 林黛玉 | | 梁山伯 | | 周芷若 |
| 2. | 賈寶玉 | | 歐陽峰 | | 段正淳 |
| 3. | 張無忌 | | 韋小寶 | | 令狐沖 |
| 4. | 張三豐 | | 郭　靖 | | 黃　蓉 |
| 5. | 楊　過 | | 祝英台 | | 周伯通 |

**03** 重複「**02**」，依序將其他欄位加上編號，如下圖。

第一屆新人盃羽球競賽

分組編號：

| A 組 | | B 組 | | C 組 | |
|---|---|---|---|---|---|
| 編號 | 參賽者 | 編號 | 參賽者 | 編號 | 參賽者 |
| 1. | 林黛玉 | 1. | 梁山伯 | 1. | 周芷若 |
| 2. | 賈寶玉 | 2. | 歐陽峰 | 2. | 段正淳 |
| 3. | 張無忌 | 3. | 韋小寶 | 3. | 令狐沖 |
| 4. | 張三豐 | 4. | 郭　靖 | 4. | 黃　蓉 |
| 5. | 楊　過 | 5. | 祝英台 | 5. | 周伯通 |

---

☼ **小百科**

儲存格中必須要先有資料，才能做到每個欄位的編號皆由「1」開始。如果儲存格中沒有資料，那麼編號就會變成「橫向編號」，而不是「由上而下」的編號。

**橫向編號：編號是「由左向右」依順序出現。**

### 表格無資料

**01** 選取「欲加上編號的儲存格」。

#### 第一屆新人盃羽球競賽

橫向編號(1)：

| 編號 | 參賽者 | 編號 | 參賽者 | 編號 | 參賽者 |
|---|---|---|---|---|---|
|  |  |  |  |  |  |
|  |  |  |  |  |  |
|  |  |  |  |  |  |
|  |  |  |  |  |  |
|  |  |  |  |  |  |

**02** 點選「格式工具列」上的「▤」，即可加入預設編號。

#### 第一屆新人盃羽球競賽

橫向編號(1)：

| 編號 | 參賽者 | 編號 | 參賽者 | 編號 | 參賽者 |
|---|---|---|---|---|---|
| 1. |  |  |  |  |  |
| 2. |  |  |  |  |  |
| 3. |  |  |  |  |  |
| 4. |  |  |  |  |  |
| 5. |  |  |  |  |  |

**03** 選取「欲加上編號的儲存格」。

#### 第一屆新人盃羽球競賽

橫向編號(1)：

| 編號 | 參賽者 | 編號 | 參賽者 | 編號 | 參賽者 |
|---|---|---|---|---|---|
| 1. |  |  |  |  |  |
| 2. |  |  |  |  |  |
| 3. |  |  |  |  |  |
| 4. |  |  |  |  |  |
| 5. |  |  |  |  |  |

**04** 點選「格式工具列」上的「▤▾」，即可出現橫向編號。

### 第一屆新人盃羽球競賽

橫向編號(1)：

| 編號 | 參賽者 | 編號 | 參賽者 | 編號 | 參賽者 |
|------|--------|------|--------|------|--------|
| 1.   |        | 2.   |        |      |        |
| 3.   |        | 4.   |        |      |        |
| 5.   |        | 6.   |        |      |        |
| 7.   |        | 8.   |        |      |        |
| 9.   |        | 10.  |        |      |        |

**05** 重複「**03**」及「**04**」，依序將其他欄位加上編號。

### 第一屆新人盃羽球競賽

橫向編號(1)：

| 編號 | 參賽者 | 編號 | 參賽者 | 編號 | 參賽者 |
|------|--------|------|--------|------|--------|
| 1.   |        | 2.   |        | 3.   |        |
| 4.   |        | 5.   |        | 6.   |        |
| 7.   |        | 8.   |        | 9.   |        |
| 10.  |        | 11.  |        | 12.  |        |
| 13.  |        | 14.  |        | 15.  |        |

## 表格有資料

**01** 選取「欲加上編號的儲存格」。

### 第一屆新人盃羽球競賽

橫向編號(2)：

| 編號 | 參賽者 | 編號 | 參賽者 | 編號 | 參賽者 |
|------|--------|------|--------|------|--------|
|      | 林黛玉 |      | 梁山伯 |      | 周芷若 |
|      | 賈寶玉 |      | 歐陽峰 |      | 段正淳 |
|      | 張無忌 |      | 韋小寶 |      | 令狐冲 |
|      | 張三豐 |      | 郭　靖 |      | 黃　蓉 |
|      | 楊　過 |      | 祝英台 |      | 周伯通 |

02 點選「格式工具列」上的「▤▾」，即可加入預設編號。

### 第一屆新人盃羽球競賽

橫向編號(2)：

| 編號 | 參賽者 | 編號 | 參賽者 | 編號 | 參賽者 |
|---|---|---|---|---|---|
| 1. | 林黛玉 | | 梁山伯 | | 周芷若 |
| 2. | 賈寶玉 | | 歐陽峰 | | 段正淳 |
| 3. | 張無忌 | | 韋小寶 | | 令狐沖 |
| 4. | 張三豐 | | 郭　靖 | | 黃　蓉 |
| 5. | 楊　過 | | 祝英台 | | 周伯通 |

03 選取「欲加上編號的儲存格」。

### 第一屆新人盃羽球競賽

橫向編號(2)：

| 編號 | 參賽者 | 編號 | 參賽者 | 編號 | 參賽者 |
|---|---|---|---|---|---|
| 1. | 林黛玉 | | 梁山伯 | | 周芷若 |
| 2. | 賈寶玉 | | 歐陽峰 | | 段正淳 |
| 3. | 張無忌 | | 韋小寶 | | 令狐沖 |
| 4. | 張三豐 | | 郭　靖 | | 黃　蓉 |
| 5. | 楊　過 | | 祝英台 | | 周伯通 |

04 點選「格式工具列」上的「▤▾」加入預設編號→選按「滑鼠右鍵」顯示快顯功能表→再按「項目符號與編號 (B)」項下的「接續前一編號 (K)」。

橫向編號(2)：

完成之後，編號就會變成「橫向編號」，而不是「由上而下」的編號。

### 第一屆新人盃羽球競賽

橫向編號(2)：

| 編號 | 參賽者 | 編號 | 參賽者 | 編號 | 參賽者 |
|------|--------|------|--------|------|--------|
| 1. | 林黛玉 | 2. | 梁山伯 | | 周芷若 |
| 3. | 賈寶玉 | 4. | 歐陽峰 | | 段正淳 |
| 5. | 張無忌 | 6. | 韋小寶 | | 令狐沖 |
| 7. | 張三豐 | 8. | 郭　靖 | | 黃　蓉 |
| 9. | 楊　過 | 10. | 祝英台 | | 周伯通 |

步05 重複「步03」及「步04」，依序將其他欄位加上編號。

### 第一屆新人盃羽球競賽

橫向編號(2)：

| 編號 | 參賽者 | 編號 | 參賽者 | 編號 | 參賽者 |
|------|--------|------|--------|------|--------|
| 1. | 林黛玉 | 2. | 梁山伯 | 3. | 周芷若 |
| 4. | 賈寶玉 | 5. | 歐陽峰 | 6. | 段正淳 |
| 7. | 張無忌 | 8. | 韋小寶 | 9. | 令狐沖 |
| 10. | 張三豐 | 11. | 郭　靖 | 12. | 黃　蓉 |
| 13. | 楊　過 | 14. | 祝英台 | 15. | 周伯通 |

**連續編號：不同欄位，但編號順序是連續的。**

步01 選取「欲加上編號的儲存格」。

### 第一屆新人盃羽球競賽

分欄連續編號：

| 編號 | 參賽者 | 編號 | 參賽者 | 編號 | 參賽者 |
|------|--------|------|--------|------|--------|
| | 林黛玉 | | 梁山伯 | | 周芷若 |
| | 賈寶玉 | | 歐陽峰 | | 段正淳 |
| | 張無忌 | | 韋小寶 | | 令狐沖 |
| | 張三豐 | | 郭　靖 | | 黃　蓉 |
| | 楊　過 | | 祝英台 | | 周伯通 |

**02** 點選「格式工具列」上的「▤▾」，即可加入預設編號。

### 第一屆新人盃羽球競賽

分欄連續編號：

| 編號 | 參賽者 | 編號 | 參賽者 | 編號 | 參賽者 |
|---|---|---|---|---|---|
| 1. | 林黛玉 | | 梁山伯 | | 周芷若 |
| 2. | 賈寶玉 | | 歐陽峰 | | 段正淳 |
| 3. | 張無忌 | | 韋小寶 | | 令狐沖 |
| 4. | 張三豐 | | 郭　靖 | | 黃　蓉 |
| 5. | 楊　過 | | 祝英台 | | 周伯通 |

**03** 選取「欲加上編號的儲存格」。

### 第一屆新人盃羽球競賽

分欄連續編號：

| 編號 | 參賽者 | 編號 | 參賽者 | 編號 | 參賽者 |
|---|---|---|---|---|---|
| 1. | 林黛玉 | | 梁山伯 | | 周芷若 |
| 2. | 賈寶玉 | | 歐陽峰 | | 段正淳 |
| 3. | 張無忌 | | 韋小寶 | | 令狐沖 |
| 4. | 張三豐 | | 郭　靖 | | 黃　蓉 |
| 5. | 楊　過 | | 祝英台 | | 周伯通 |

**04** 點選「格式工具列」上的「▤▾」加入預設編號。

### 第一屆新人盃羽球競賽

分欄連續編號：

| 編號 | 參賽者 | 編號 | 參賽者 | 編號 | 參賽者 |
|---|---|---|---|---|---|
| 1. | 林黛玉 | 1. | 梁山伯 | | 周芷若 |
| 2. | 賈寶玉 | 2. | 歐陽峰 | | 段正淳 |
| 3. | 張無忌 | 3. | 韋小寶 | | 令狐沖 |
| 4. | 張三豐 | 4. | 郭　靖 | | 黃　蓉 |
| 5. | 楊　過 | 5. | 祝英台 | | 周伯通 |

**05** 將「滑鼠指標」放至第二個編號「1」的位置→選按「❚☰・」中的「更多編號」。

**06** 設定「開始於 (B)」為「6」→再按「確定」。

回到編輯區中，編號會接續前一個欄位的數字。

### 第一屆新人盃羽球競賽

分欄連續編號：

| 編號 | 參賽者 | 編號 | 參賽者 | 編號 | 參賽者 |
|------|--------|------|--------|------|--------|
| 1. | 林黛玉 | 6. | 梁山伯 | | 周芷若 |
| 2. | 賈寶玉 | 7. | 歐陽峰 | | 段正淳 |
| 3. | 張無忌 | 8. | 韋小寶 | | 令狐沖 |
| 4. | 張三豐 | 9. | 郭　靖 | | 黃　蓉 |
| 5. | 楊　過 | 10. | 祝英台 | | 周伯通 |

步驟**07** 重複「步驟05」及「步驟06」→再設定「開始於 (B)」為「11」→按「確定」。

完成之後，雖然在不同欄，但編號順序是連續的。

## 第一屆新人盃羽球競賽

分欄連續編號：

| 編號 | 參賽者 | 編號 | 參賽者 | 編號 | 參賽者 |
|------|--------|------|--------|------|--------|
| 1. | 林黛玉 | 6. | 梁山伯 | 11. | 周芷若 |
| 2. | 賈寶玉 | 7. | 歐陽峰 | 12. | 段正淳 |
| 3. | 張無忌 | 8. | 韋小寶 | 13. | 令狐冲 |
| 4. | 張三豐 | 9. | 郭 靖 | 14. | 黃 蓉 |
| 5. | 楊 過 | 10. | 祝英台 | 15. | 周伯通 |

☀ **小百科**

儲存格採用「不同欄位，連續編號」時，如果資料列有增加或減少，編號的「起始值」必須要自行修正，否則會有錯誤的情形產生。

## 031　遇到資料跨頁的表格如何讓每一頁都有標題列？

一份文件中，若表格有超過一頁以上，每一頁表格的最上方必須要顯示標題列，讓使用者能清晰的閱讀表格內容的資訊，該如何設定呢？

### 觀念說明

當表格完成之後，如果內容資料較多，以致於出現多個頁面，我們會發現第 2 頁之後表格的標題列並未顯示。

然而，一份正式的表格，無論有多少個頁面，表格標題列的顯示是有其必要性的！它可以幫助閱讀者更正確、清晰的瞭解表格內容表達的資訊，此時可以透過跨頁標題的設定，讓每一個頁面的表格皆顯示標題。

### 錦囊妙計

**第一列標題重複**

01 選取表格的列標題列。

### 中華民國武林工會會員通訊錄

編製日期：108年7月1日

| 會員編號 | 姓　名 | 郵遞區號 | 地　　　　址 |
|---|---|---|---|
| 1080001 | 林黛玉 | 106 | 台北市仁愛路四段30巷21號8樓 |
| 1080002 | 賈寶玉 | 106 | 台北市金華街333巷25號2樓 |

02 點選「表格 (A)」功能表中的「跨頁重複標題列 (M)」。

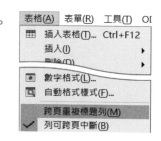

完成設定之後，回到編輯區，表格的標題列在每一頁中呈現。

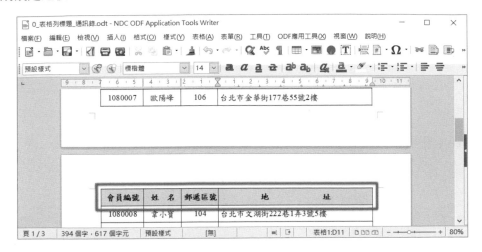

### 非第一列標題重複

圖01 選取「欲重複」的表格標題列。

中華民國武林工會會員通訊錄

編製日期：108年7月1日

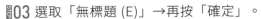

| 縣市 | 台北市 | | | |
| --- | --- | --- | --- | --- |
| 會員編號 | 姓　名 | 郵遞區號 | 地 | 址 |
| 1080001 | 林黛玉 | 106 | 台北市仁愛路四段30巷21號8樓 | |

人數：20人，新會員6位。

圖02 點選「表格 (A)」功能表中的「分割表格 (H)」。

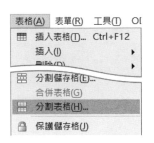

圖03 選取「無標題 (E)」→再按「確定」。

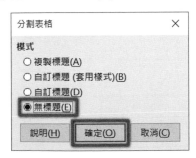

**04** 選取「欲重複」的表格標題列。

中華民國武林工會會員通訊錄

編製日期：108年7月1日

| 縣市 | 台北市 | 人數：20人，新會員6位。 | |
|---|---|---|---|

→
| 會員編號 | 姓　名 | 郵遞區號 | 地　　　址 |
|---|---|---|---|
| 1080001 | 林黛玉 | 106 | 台北市仁愛路四段30巷21號8樓 |

**05** 點選「表格 (A)」功能表中的「跨頁重複標題列 (M)」。

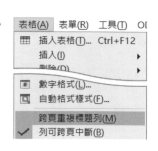

**06** 將表格之間多餘的段落刪除。

中華民國武林工會會員通訊錄

編製日期：108年7月1日

按『Delete』
將段落刪除

| 縣市 | 台北市 | 人數：20人，新會員6位。 | |
|---|---|---|---|

| 會員編號 | 姓　名 | 郵遞區號 | 地　　　址 |
|---|---|---|---|
| 1080001 | 林黛玉 | 106 | 台北市仁愛路四段30巷21號8樓 |

完成設定之後，回到編輯區，表格的標題列在每一頁中呈現。

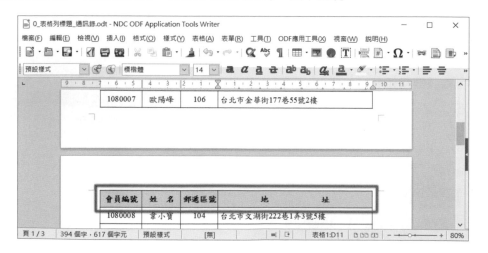

# 032　表格中，資料跨頁時，如何讓每一頁都有大標題？

當文件中的表格超過一頁，第二頁之後的表格除了表格內的列標題之外，有時候表格上方的大標題也希望能出現在每一頁，該如何設定呢？

## 觀念說明

表格文件的最上方，如果有大標題，由於它並非表格的一部份，所以當表格資料超過一頁以上，在製作跨頁標題時，它通常會被忽略沒有一併帶到每個表格的最上方。

由於製作表格的跨頁標題，必須是表格內容標題才能進行設定，所以若要將表格上方的大標題在每個頁面也能呈現，大多數的使用者直覺會選擇用「頁首及頁尾」的方式來製作。但將大標題放在頁首，文件中若有表格與文字放在同一頁的情形，就會顯得版面不協調。

因此，如果要讓表格上方的大標題在每個頁面呈現，可以將它納入表格內容中，再進行跨頁標題設定。

## 錦囊妙計

**01** 將文字插入點移至第一列。

### 中華民國武林工會會員通訊錄

| 會員編號 | 姓　名 | 郵遞區號 | 地　　　址 | 　　　址 |
|---|---|---|---|---|
| 1080001 | 林黛玉 | 106 | 台北市仁愛路四段30巷21號8樓 | |

**02** 點選「表格 (A)」功能表中「插入 (I)」項下的「上方插列 (A)」，在第一頁表格最上方的欄標題插入一列。

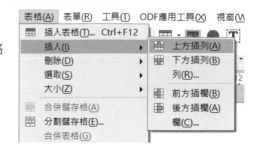

**03** 選取第一列儲存格→點選「表格 (A)」功能表中的「合併儲存格 (A)」，將第一列
儲存格合併→輸入大標題文字「中華民國武林工會會員通訊錄」，並刪除原有的
標題文字。

| 中華民國武林工會會員通訊錄 | | | | |
|---|---|---|---|---|
| 會員編號 | 姓　名 | 郵遞區號 | 地　　　　址 | |
| 1080001 | 林黛玉 | 106 | 台北市仁愛路四段30巷21號8樓 | |

**04** 選取第一列儲存格。

**05** 點選「表格 (A)」功能表中的「屬性 (P)...」。

**06** 點選「邊框」標籤→取消目前第一列大標題「冂」
字型的框線→再選按「確定」。

07 選取欲出現在每一頁的標題範圍，如：第 1~2 列。

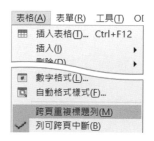

08 點選「表格 (A)」功能表中的「跨頁重複標題列 (M)」。

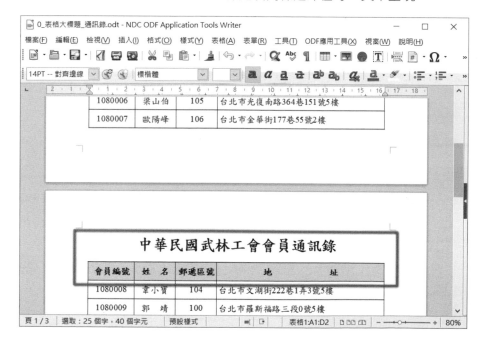

完成設定之後，回到編輯區，表格的大標題及列標題即在每一頁中呈現。

# 033　表格中，如何進行計算和格式設定？

編寫專案報告或活動計畫書時，或多或少會需要在文件中編列預算或經費表，但大多數的使用者會透過「試算表」來編寫，然後再將其複製至文書文件中，但如此一來，預算或經費表中的數值若有變動，則運算結果卻不會更新，導致文件中的計算錯誤百出，該如何解決呢？

## 觀念說明

提到要編列經費預算表，大多數的使用者對於需要計算的資料，直覺就是使用試算表軟體來編列，其實在 Writer 中的表格亦支援基本的運算功能，而且當表格中的數字有變動時，還能自動重新計算，讓運算的結果保持正確。

表格中的計算其實是透過儲存格的「位置」來進行的！表格中的「欄」是以英文命名，如：A、B、C…欄；而「列」的部份，則是以數字號碼表示，如：1、2、3…列，因此交叉重疊的「儲存格」則以「欄名列號」來表示，如：A1、B1…。

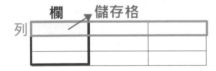

## 錦囊妙計

### 表格計算

**01** 將「文字插入點」放置於答案欲出現的「小計」欄位。

### 活動經費概算表

| 場次 | 日期 | 品名 | 數量 | 單價 | 小計 |
|------|------|------|------|------|------|
| 1 | | 會議室 | 5 | 10000 | |
| 1 | | 活動手冊 | 250 | 80 | |
| 1 | | 餐費 | 280 | 150 | |
| 2 | | 會議室 | 3 | 7500 | |
| 2 | | 活動手冊 | 120 | 80 | |
| 2 | | 餐費 | 150 | 120 | |
| 合計 | | | | | |

**02** 點選「表格 (A)」功能表中的「公式 (R)」。

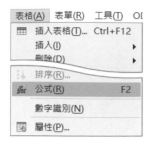

**03** 點選「要計算的儲存格」，並輸入運算符號，使其出現運算式，如：「=<D2>*<E2>」→再選按「⏎」。

完成之後，儲存格中即可計算出小計的金額。

| 場次 | 日期 | 品名 | 數量 | 單價 | 小計 |
|------|------|------|------|------|------|
| 1 | | 會議室 | 5 | 10000 | 50000 |
| | | 活動手冊 | 250 | 80 | |
| | | 餐費 | 280 | 150 | |
| 2 | | 會議室 | 3 | 7500 | |
| | | 活動手冊 | 120 | 80 | |
| | | 餐費 | 150 | 120 | |
| 合計 | | | | | |

活動經費概算表

**04** 點選「表格 (A)」功能表中「選取 (S)」項下的「儲存格 (E)」。

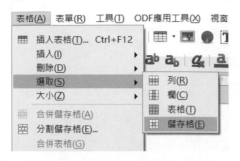

**05** 點選「滑鼠右鍵」顯示快顯功能表→再選按「複製 (Y)」。

**06** 選取所有小計的欄位→點選「滑鼠右鍵」顯示快顯功能表→再選按「貼上 (P)」。

完成設定之後，所有答案即計算完成，而且表格中的數字若有修改，答案也會立即更新。

## 活動經費概算表

| 場次 | 日期 | 品名 | 數量 | 單價 | 小計 |
|---|---|---|---|---|---|
| 1 | | 會議室 | 5 | 10000 | 50000 |
| | | 活動手冊 | 250 | 80 | 20000 |
| | | 餐費 | 280 | 150 | 42000 |
| 2 | | 會議室 | 3 | 7500 | 22500 |
| | | 活動手冊 | 120 | 80 | 9600 |
| | | 餐費 | 150 | 120 | 18000 |
| 合計 | | | | | |

**07** 將「文字插入點」放在「合計」欄位→選按鍵盤「F2」顯示公式列→輸入「= SUM <F2:F7>」→再選按「⏎」計算答案。

## 活動經費概算表

| 場次 | 日期 | 品名 | 數量 | 單價 | 小計 |
|---|---|---|---|---|---|
| 1 | | 會議室 | 5 | 10000 | 50000 |
| | | 活動手冊 | 250 | 80 | 20000 |
| | | 餐費 | 280 | 150 | 42000 |
| 2 | | 會議室 | 3 | 7500 | 22500 |
| | | 活動手冊 | 120 | 80 | 9600 |
| | | 餐費 | 150 | 120 | 18000 |
| 合計 | | | | 162100 | |

### 💡 小百科

在表格中執行運算，要留意如下事項：

- 一定要有「＝」，才能計算。
- 「＝」的後方採用的符號須為「半形」。

表格常用的計算：

| 運用式 | 符號或函數 | 範例說明 |
|---|---|---|
| 加 | SUM | SUM<A1:A5> |
| 減 | - | <A1> - <B1> |
| 乘 | MUL | <A1>MUL<B1> |
| 除 | DIV | <A1>DIV<B1> |

### 表格格式設定

**日期星期**

「日期格式」預設是西元年月日，如果表格中要顯示民國年月日及星期幾，可透過格式設定，讓系統自動變更格式。

**01** 選取「欲設定的儲存格」。

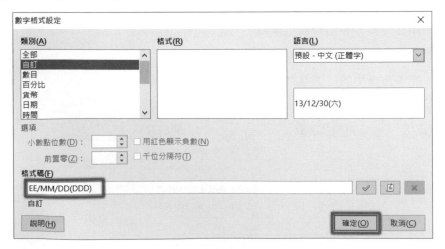

**02** 點選「表格 (A)」功能表中的「數字格式 (L)」。

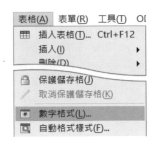

**03** 設定「格式碼 (F)」為「EE/MM/DD (DDD)」→再按「確定」。

**04** 完成之後，在儲存格中輸入日期，如：06/05 →再按方向鍵「↓」離開儲存格，即可出現含有日期及星期的格式。

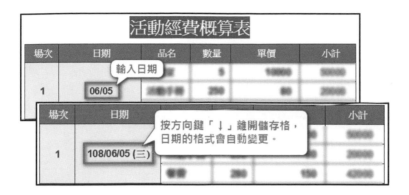

### 小百科

| 格式 | 說明 | 範例 |
|------|------|------|
| YYYY | 西元年 | 2019 |
| EE | 民國年 | 108 |
| M | 一位數的月份 | 6 |
| MM | 二位數的月份 | 06 |
| D | 一位數的日期 | 5 |
| DD | 二位數日期 | 05 |
| DDD | 星期幾 | 三 |
| DDDD | 星期幾 | 星期三 |

**數值單位**

「單位符號」一般出現在「單價」的欄位中，如：10000 元 / 間。但「元 / 間」若是由使用者自行輸入會造成表格中無法計算，因此要透過設定才能正確引用。

**01** 選取「欲設定的儲存格」。

### 活動經費概算表

| 場次 | 日期 | 品名 | 數量 | 單價 | 小計 |
|---|---|---|---|---|---|
| 1 | 108/06/15 (六) | 會議室 | 5 | 10000 | 50000 |
| | | 活動手冊 | 250 | 80 | 20000 |
| | | 餐費 | 280 | 150 | 42000 |
| 2 | 108/07/17 (三) | 會議室 | 3 | 7500 | 22500 |
| | | 活動手冊 | 120 | 80 | 9600 |
| | | 餐費 | 150 | 120 | 18000 |
| 合計 | | | | | 162100 |

**02** 點選「表格 (A)」功能表中的「數字格式 (L)」。

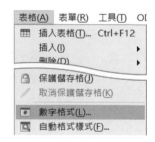

**03** 設定「格式碼 (F)」為「General"元 / 間"」→再按「確定」。

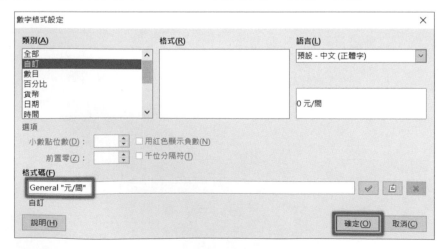

完成設定之後，儲存格的資料即會顯示「數值單位」，而且數字變更時，後面的小計欄位也會自動重新計算。

## 活動經費概算表

| 場次 | 日期 | 品名 | 數量 | 單價 | 小計 |
|---|---|---|---|---|---|
| 1 | 108/06/15 (六) | 會議室 | 5 | 10000 元/間 | 50000 |
| | | 活動手冊 | 250 | 80 | 20000 |
| | | 餐費 | 280 | 150 | 42000 |
| 2 | 108/07/17 (三) | 會議室 | 3 | 7500 | 22500 |
| | | 活動手冊 | 120 | 80 | 9600 |
| | | 餐費 | 150 | 120 | 18000 |
| 合計 | | | | 162100 | |

以此類推，完成所有的儲存格設定，如下圖。

## 活動經費概算表

| 場次 | 日期 | 品名 | 數量 | 單價 | 小計 |
|---|---|---|---|---|---|
| 1 | 108/06/15 (六) | 會議室 | 5 | 10000 元/間 | 50000 |
| | | 活動手冊 | 250 | 80 元/人 | 20000 |
| | | 餐費 | 280 | 150 元/人 | 42000 |
| 2 | 108/07/17 (三) | 會議室 | 3 | 7500 元/間 | 22500 |
| | | 活動手冊 | 120 | 80 元/人 | 9600 |
| | | 餐費 | 150 | 120 元/人 | 18000 |
| 合計 | | | | 162100 | |

### 小百科

在儲存格中，若有運算式或設定數字格式，當重新輸入資料時，必須選按方向鍵 ( ↑、↓、←、→ ) 離開目前的儲存格，絕對不能按「Enter」鍵，否則就會無法計算或是格式設定失效。

**大寫數字**

「大寫數字」是指將原先顯示為阿拉伯數字的資料，改採用大寫的中文字來顯示，如：壹、貳、參、肆…。一般來說可由使用者自行輸入，但若是由使用者自行輸入，當表格中資料有變更時會造成數值無法自動更新，因此要透過設定才能正確引用。

圖01 選取「欲設定的儲存格」。

### 活動經費概算表

| 場次 | 日期 | 品名 | 數量 | 單價 | 小計 |
|------|------|------|------|------|------|
| 1 | 108/06/15 (六) | 會議室 | 5 | 10000 元/間 | 50000 |
| | | 活動手冊 | 250 | 80 元/人 | 20000 |
| | | 餐費 | 280 | 150 元/人 | 42000 |
| 2 | 108/07/17 (三) | 會議室 | 3 | 7500 元/間 | 22500 |
| | | 活動手冊 | 120 | 80 元/人 | 9600 |
| | | 餐費 | 150 | 120 元/人 | 18000 |
| 合計 | | | | 162100 | |

圖02 點選「表格 (A)」功能表中的「數字格式 (L)」。

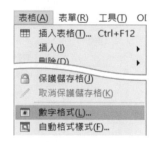

圖03 設定「格式碼 (F)」為「[NatNum5]General"元整"」→再按「確定」。

完成設定之後，儲存格的資料即會顯示為「大寫的數字」，且表格中的數字若有修改，答案也會立即更新。

## 活動經費概算表

| 場次 | 日期 | 品名 | 數量 | 單價 | 小計 |
|---|---|---|---|---|---|
| 1 | 108/06/15 (六) | 會議室 | 5 | 10000 元/間 | 50000 |
| | | 活動手冊 | 250 | 80 元/人 | 20000 |
| | | 餐費 | 280 | 150 元/人 | 42000 |
| 2 | 108/07/17 (三) | 會議室 | 3 | 7500 元/間 | 22500 |
| | | 活動手冊 | 120 | 80 元/人 | 9600 |
| | | 餐費 | 150 | 120 元/人 | 18000 |
| 合計 | | | | 壹拾陸萬貳仟壹佰元整 | |

### 小百科

[NatNum] 是 LibreOffice 中大寫數字的格式，它一共有如下九種的變化：

| 格式 | 顯示 |
|---|---|
| [NatNum1] | 一二三四 |
| [NatNum2] | 壹貳參肆 |
| [NatNum3] | １２３４ （全形） |
| [NatNum4] | 一千二百三十四 |
| [NatNum5] | 壹仟貳佰參拾肆 |
| [NatNum6] | １千２百３十４ |
| [NatNum7] | 千二百三十四 （遇到 1 開頭的數字會省略） |
| [NatNum8] | 仟貳佰參拾肆 （遇到 1 開頭的數字會省略） |
| [NatNum9] | 1234 （半形） |

## 034　文件中，如何加入具連結的試算表資料？

在製作一份文件時，有時內容會有從試算表中複製而來的表格，但如果原始的試算表資料有更新，文書處理中的內容卻無法同步更新，以致於原始數據和文書報告中的數據不一致，該如何解決呢？

### 觀念說明

部份使用者有個迷思，就是表格的製作或運算，必須採用試算表軟體來編輯；因此就會有許多人有『將表格複製到文書軟體』的需求。其實表格無論是製作或是簡易運算，在文書處理軟體中，已經可以很輕鬆的呈現。

從試算表中製作完成的表格資料，如果複製貼上至文書軟體中，大多時候運算式已經失去『計算』的功能，而文字資料也是獨立於試算表之外，簡單說就是等於二份不同的表格文件了，也因此當原始試算表資料有任何修改，複製至文書軟體中的資料也不會有任何動靜。

但是，這也會造成許多使用者的困擾，因為改了試算表中的原始資料，忘了更新文書軟體中的資料，造成資料不一致，嚴重影響文件的正確性。此時建議可以採用『DDE 連結』來關聯二份文件，如此一來資料即可同步更新，以確保資料的正確性。

**錦囊妙計**

## 製作連結表格資料

**步驟01** 開啟「欲複製的試算表檔案」。

**步驟02** 選取「欲複製的資料範圍」→再按工具列上的「 （複製）」。

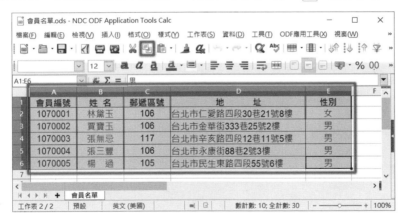

**步驟03** 開啟「欲貼上的文書報告檔案」→選按工具列上的「 （選擇性貼上）」→點選「動態資料交換（DDE 連結）(B)」。

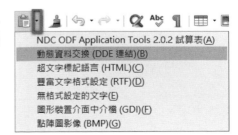

完成之後，編輯區中，即會出現表格資料。當來源的試算表文件有變更，文書文件中的表格資料也會同步更新，以維持資料的一致性與正確性。

| | A | B | C | D | E |
|---|---|---|---|---|---|
| 1 | 會員編號 | 姓　名 | 郵遞區號 | 地　　　　址 | 性別 |
| 2 | 1070001 | 林黛玉 | 106 | 台北市仁愛路四段30巷21號8樓 | 女 |
| 3 | 1070002 | 賈寶玉 | 106 | 台北市金華街333巷25號2樓 | 男 |
| 4 | 10 | | | | |

| | A | B | C | D | E |
|---|---|---|---|---|---|
| 1 | 會員編號 | 姓　名 | 郵遞區號 | 地　　　　址 | 性別 |
| 2 | 1070001 | 林黛玉 | 104 | 台北市內湖路二段38巷10號3樓 | 女 |
| 3 | 1070002 | 賈寶玉 | 106 | 台北市金華街333巷25號2樓 | 男 |
| 4 | 1070003 | 張無忌 | 117 | 台北市辛亥路四段12巷11號5樓 | 男 |

| 會員編號 | 姓　名 | 郵遞區號 | 地　　　址 | 性別 |
|---|---|---|---|---|
| 1070001 | 林黛玉 | 106 | 台北市仁愛路四段30巷21號8樓 | 女 |
| 1070002 | 賈寶玉 | 106 | 台北市金華街333巷25號2樓 | 男 |
| 1070003 | 張無忌 | 117 | 台北市辛亥路四段12巷11號5樓 | 男 |
| 1070004 | 張三豐 | 106 | | |
| 1070005 | 楊　過 | 105 | | |

| 會員編號 | 姓　名 | 郵遞區號 | 地　　　址 | 性別 |
|---|---|---|---|---|
| 1070001 | 林黛玉 | 104 | 台北市內湖路二段38巷10號3樓 | 女 |
| 1070002 | 賈寶玉 | 106 | 台北市金華街333巷25號2樓 | 男 |
| 1070003 | 張無忌 | 117 | 台北市辛亥路四段12巷11號5樓 | 男 |
| 1070004 | 張三豐 | 106 | 台北市永康街88巷2號3樓 | 男 |
| 1070005 | 楊　過 | 105 | 台北市民生東路四段55號6樓 | 男 |

### 取消連結表格資料

表格的資料如果具有連結，就無法改變它的內容及結構，如：插入一列或修改資料。必須取消它和來源資料的關聯，才能在文書文件中修改它的結構。

圖01　點選「編輯 (E)」功能表中的「連結至外部檔案 (K)」。

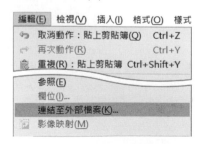

**02** 點選「斷開連結 (B)」。

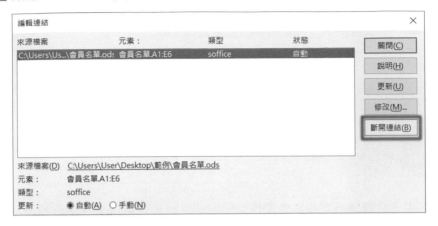

**03** 選按「是 (Y)」。

---

☞ **小百科**

表格的連結斷開之後，就無法修復。如果要再次連結，必須重新以選擇性貼上的方式，選擇貼上「DDE 連結」。

---

## 035　文件中，如何建立標題目錄？

好不容易完成一份文件的編輯，但內容有許多的標題，如果需要目錄頁讓使用者能快速得知文件內容所在的位置，該怎麼製作呢？

### 觀念說明

在長篇文件中，目錄是不可或缺的要件之一。「目錄」是指由文件中的標題自動建立的頁面，它除了顯示每一個層級的標題文字之外，還標記其所在的頁面位置，可幫助閱讀的人在第一時間瞭解文件的重點內容及要項，因此其「正確性」及「美觀性」也是非常重要的。

文件中的目錄可分為「標題目錄」、「索引目錄」及「文獻記錄」，「標題目錄」與「索引目錄」一般出現的位置會在本文前方的頁面，而「文獻記錄」則是出現在本文的最末頁。

### 錦囊妙計

要讓文件自動建立目錄頁，就必須要搭配「樣式」中的「標題」才能有作用。

### 首先，製作目錄頁，我們必須將本文的內容放置於第二頁的頁面。

圖01 將「游標」放置於第一段落→選按「Enter」鍵，產生一個新的段落。

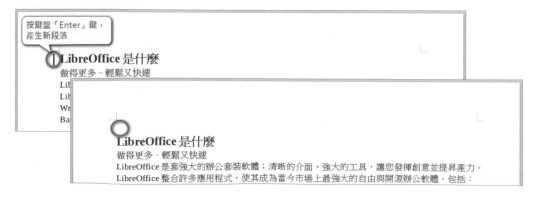

**步驟02** 將「游標」放置於第二段落→點選「格式 (O)」功能表中的「段落 (A)」。

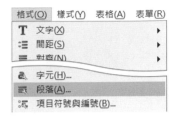

**步驟03** 點選「排文和分頁」標籤→在「斷隔」選項中勾選「☑ 插入 (I)」→類型為「頁」。

**步驟04** 再勾選「帶頁面樣式 (Y)」→類別為「預設樣式」→勾選「頁碼 (N)」為「1」→
最後再按「確定」。

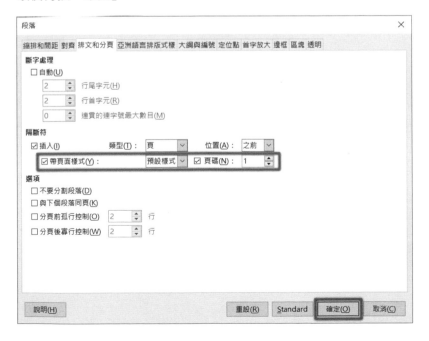

回到編輯區中，本文就會放在第二頁，第一頁則是預留用來放目錄的位置。

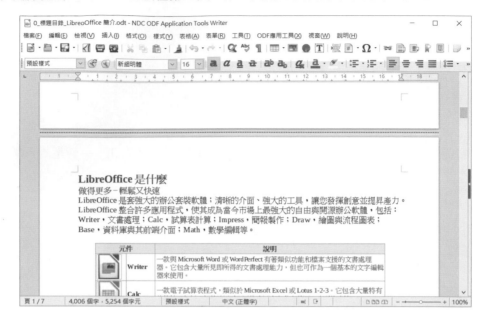

**設定欲成為目錄的標題**

01 選取「欲設定為目錄的標題文字」，如：LibreOffice
是什麼→設定格式為「標題 1」。

02 選取「欲設定為次標題文字」，如：做得更多 - 輕
鬆又快速→設定格式為「標題 2」。

以此類推，完成所有目錄標題文字的設定。

**產生目錄**

首先回到第一頁，將「游標」放置於欲產生目錄的位置。

01 點選「插入 (I)」功能表中「目次
與索引 (X)」項下的「目次、索引
或參考文獻 (I)」。

02 在題名處輸入所需的標題，如：目
錄→取消勾選「□不允許手動變
更」→最後再按「確定」。

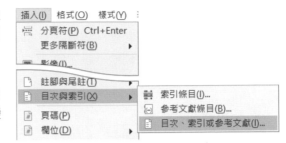

完成之後，回到編輯區，即可看到設定的結果。

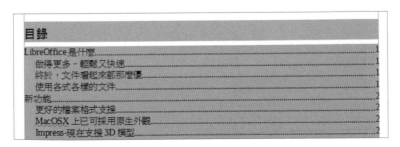

## 036　文件中，如何建立圖表目錄？

當文件中的圖片和表格數量多時，為了讓使用者能快速的查閱資料，一般我們也會採用目錄來輔助，該如何設定呢？

### 觀念說明

一份文件中，如果有使用到圖片或表格，為使在閱讀上能相對應，我們也可以為其加上標號，並將它製作成目錄。圖片目錄或是表格目錄的製作方式是一樣的，只是一個用於圖片物件，一個則是用於表格物件中。

### 錦囊妙計

**圖片標號**

**01** 選取欲設定的圖片。

**02** 點選「插入 (I)」功能表中的「圖表標示 (G)」。

**步驟03** 在「圖表標示」位置輸入「圖片標題」，如：Writer Icon →再設定「分類 (A)：」為「圖」→接著，設定「編號 (B)：」為「阿拉伯數字（123）」→最後設定「位置 (F)」放置於「下方」→選按「確定」。

回到編輯區後，在圖片下方即可看到設定的圖片標題。
以此類推，完成所有圖片的標號設定。

接下來回到目錄頁，設定目錄：

**步驟01** 點選「插入 (I)」功能表中「目次與索引 (X)」項下的「目次、索引或參考文獻 (I)」。

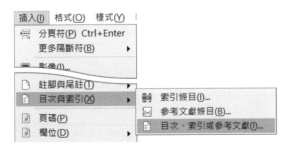

**STEP02** 在「題名 (T)」處輸入所需的標題，如：圖片目錄→再設定「類型 (D)」為「圖片表」→取消勾選「□不允許手動變更」→選擇「類別 (U)」為「圖」→最後再按「確定」。

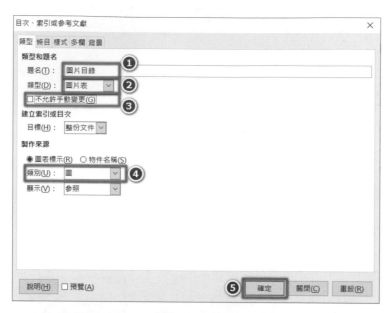

完成之後，回到編輯區，即可看到設定的結果。

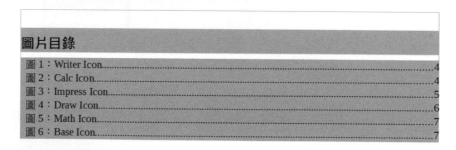

### 表格標號

**STEP01** 將游標放置於欲設定的表格中。

| 元件 | | 說明 |
| --- | --- | --- |
| | Writer | 一款與 Microsoft Word 或 WordPerfect 有著類似功能和檔案支援的文書處理器。它包含大量所見即所得的文書處理能力，但也可作為一個基本的文字編輯器來使用[5]。 |
| | Calc | 一款電子試算表程式，類似於 Microsoft Excel 或 Lotus 1-2-3。它包含大量特有的特性，包括一個基於用戶可用的資訊來自動定義圖示系列的系統。[5][7]。 |
| | Impress | 一款類似 Microsoft PowerPoint 的演示文稿程式。演示文稿可以被匯出為 SWF 檔案，任何裝有 Adobe Flash Player 的電腦都可以檢視[5][8]。 |

**STEP 02** 點選「插入 (I)」功能表中的「圖表標示 (G)」。

**STEP 03** 在「圖表標示」位置輸入「表格標題」，如：LibreOffice 軟體介紹→再設定「分類 (A)：」為「表」→接著，設定「編號 (B)：」為「阿拉伯數字 (123)」→最後設定「位置 (F)」放置於「上方」→選按「確定」。

回到編輯區後，在表格上方即可看到設定的表格標題。以此類推，完成所有表格的標號設定。

表1：Libreoffice 軟體介紹

| 元件 | | 說明 |
|---|---|---|
| | Writer | 一款與 Microsoft Word 或 WordPerfect 有著類似功能和檔案支援的文書處理器。它包含大量所見即所得的文書處理能力，但也可作為一個基本的文字編輯器來使用。 |
| | Calc | 一款電子試算表程式，類似於 Microsoft Excel 或 Lotus 1-2-3。它包含大量特有的特性，包括一個基於用戶可用的資訊來自動定義圖示系列的系統。。 |

接下來回到目錄頁，設定目錄：

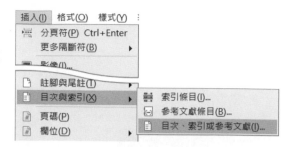

圖01 點選「插入 (I)」功能表中「目次
　　 與索引 (X)」項下的「目次、索引
　　 或參考文獻目錄 (I)」。

圖02 在「題名 (T)」處輸入所需的標題，如：表格目錄→再設定「類型 (D)」為「表格
　　 索引」→取消勾選「□不允許手動變更」→選擇「類別 (U)」為「表」→最後再
　　 按「確定」。

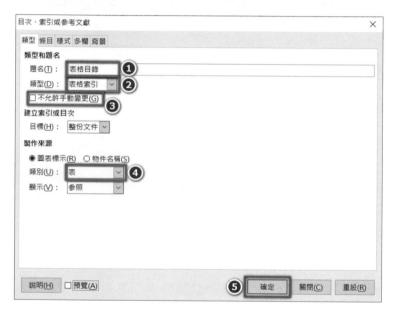

完成之後，即可看到設定的結果。

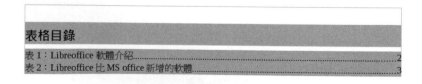

---

💡 小百科

一般而言，圖片的標號會放在圖片的下方；而表格的標號則會出現在表格的上方。

# 037　文件中，如何建立索引目錄？

文件中，如果有些段落中的文字，想要做成目錄，俾利使用者檢索文件中的頁面位置，但是這些文字並不是標題，該如何設定呢？

## 觀念說明

文件中若想要建立目錄，一般而言，必須將它套用「標題樣式」才能完成，但是段落中的文字並非標題，若因想將它建立為目錄而套用標題樣式，就會讓整份文件的版面看起來怪怪的，因此我們可以將這些文字設定為「索引」，再幫它建立一個索引目錄。

所謂的「索引目錄」是指使用者在文件中將關鍵字或專有名詞等字句做標記，而後再將整份文件中的這些清單按順序排列成一覽表，以協助讀者快速得到想要的資料所在的頁面位置。

## 錦囊妙計

**建立索引：必須先將文字標記，才能製作成目錄。**

步驟01　選取「欲設定為目錄的文字」，如：LibreOffice。

> **做得更多－輕鬆又快速**
> LibreOffice 是套強大的辦公套裝軟體；清晰的介面、強大的工具，讓您發揮創意並提昇產力。
> LibreOffice 整合許多應用程式，使其成為當今市場上最強大的自由與開源辦公軟體，包括：
> Writer，文書處理；Calc，試算表計算；Impress，簡報製作；Draw，繪圖與流程圖表；
> Base，資料庫與其前端介面；Math，數學編輯等。

**02** 點選「插入 (I)」功能表中「目次與索引 (X)」項下的「索引條目 (I)」。

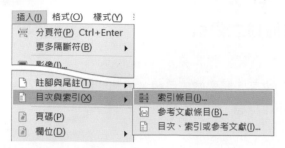

**03** 設定「索引 (A)：」為「順序索引」→設定「條目 (B)：」和選取文字相同→再點選「插入 (Q)」。

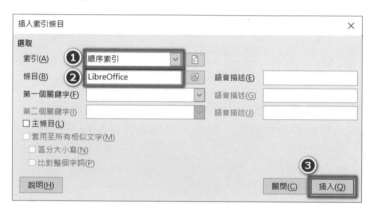

以此類推，完成所有文字的設定。

**建立索引目錄：將使用者自行標記的文字，集結成清單。**

**01** 點選「插入 (I)」功能表中「目次與索引 (X)」項下的「目次、索引或參考文獻 (I)」。

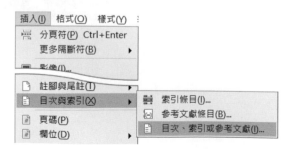

步驟02 在「題名 (T)：」處輸入所需的標題，如：索引目錄→設定「類型 (D)：」為「順序索引」→取消勾選「□不允許手動變更」→最後再按「確定」。

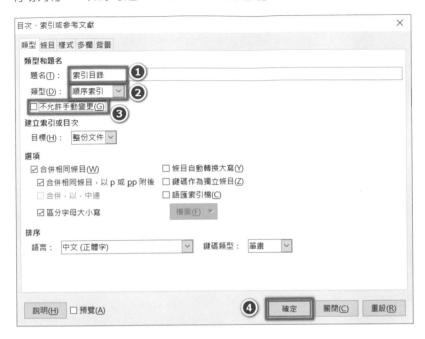

完成之後，即可看到設定的結果。

## 038　文件中，目錄要如何產生章節編號

目錄完成之後，預設並沒有章節的編號，對於使用者而言，閱讀上可能產生困擾，若是要加入章節的編號，該怎麼做呢？

### 觀念說明

當目錄完成之後，如果標題沒有編號，在閱讀文件時就不易辨識目前章節位置，而目錄中章節的設定，若是在二層標題內（即只有標題 1、標題 2），可以直接透過工具列上「編號」的功能來加入編號；而若有三層以上的標題，則必須採用「樣式」功能裡的「清單樣式」來製作編號。

### 錦囊妙計

**01** 將欲加上編號的文字選取，如：LibreOffice 是什麼。

**02** 點選工具列「　」→選按「更多編號」。

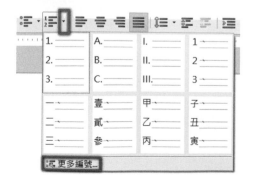

**STEP 03** 點選「自訂」→在層級 1 設定「數字 (A)：」，如：1,2,3…→接下來在「這之前 (I)：」輸入「第」→在「在這之後 (J)：」輸入「章、」。

**STEP 04** 在層級 2 設定「數字 (A)：」，如：1,2,3…→接下來在「這之前 (I)：」輸入「第」→在「在這之後 (J)：」輸入「節、」→再按「確定」。

完成之後，即可看到設定的結果。

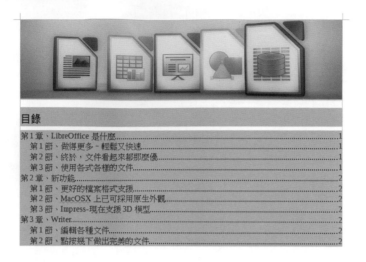

---

☀ **小百科**

若想要取消編號和文字之間的定位鍵，可至「位置」標籤中，將「編號後接
(B)」設定為「無」。

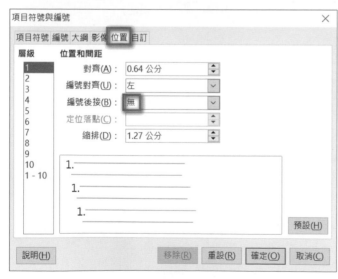

# 039 文件中，若標題和頁碼有變更時，如何更新或刪除目錄？

　　當文件中有目錄頁面，如果內容有增減修訂時，標題和頁碼可能有所變動，要如何能確保目錄的標題和頁碼是正確無誤的呢？如果不需要目錄頁面，又該如何刪除？

## 觀念說明

當目錄已製作完成，文件中的標題可能會再次修改，甚至文件的內容會有增減的情形，以致於目錄的標題及頁碼顯示與實際內容不相符。在以往，發生此情形時往往要花很多時間一一核對，但只要透過「更新目錄」的功能，便可快速更正標題及頁碼。

## 錦囊妙計

### 更新目錄

圖01 在「欲更新的目錄」上方選按「滑鼠右鍵」顯示快顯功能表→點選「更新索引(G)」。

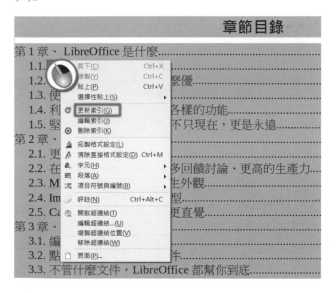

回到目錄頁，內容即更新。

## 刪除目錄

**步驟01** 在「欲刪除的目錄」按「滑鼠右鍵」顯示快顯功能表→點選「刪除索引 (K)」。

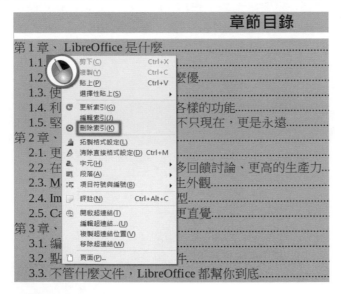

回到編輯區，目錄的內容即刪除。

## 小百科

如果在製作目錄時勾選「☑ 不允許手動變更」，在目錄上選按滑鼠右鍵顯示的快顯功能表，功能清單就會比較少。

### 章節目錄

第 1 章、 LibreOffice 是什麼
1.1. ～～～快速
1.2. ～～～家都那麼優
1.3. 使～～文件
1.4. 利～～各式各樣的功能
1.5. 堅～～lom，不只現在，更是永遠
第 2 章、
2.1. 更～～援
2.2. 在～～：更多回饋討論、更高的生產力
2.3. M～～用原生外觀
2.4. Impress-現在支援 3D 模型
2.5. Calc 的試算表處理變得更直覺

剪下(C)　　　Ctrl+X
複製(Y)　　　Ctrl+C
貼上(P)　　　Ctrl+V
選擇性貼上(S)　▶
更新索引(G)
編輯索引(J)
刪除索引(K)
字元(H)　　　▶
段落(A)　　　▶
項目符號與編號(B)　▶
開啟超連結(T)

## 040　文件中，如何建立交叉參照？

在製作專案報告時，我們常常會在文字說明的後方，加註（更多資料請見第 X 章，第 X 頁）的標記，但是如果文件的內容有增減修訂時，就必須要重新檢視文件所有的標記以確保其正確性，如此一來非常的費時費神讓人覺得很困擾，該如何解決呢？

### 觀念說明

在文字說明的後方加註（更多資料請見第 X 章，第 X 頁）的標記，我們稱之為「交叉參照」。

交叉參照分為兩個部分，一個是做為參照的項目（目標），另一個部分則是插入參照引用（文件文字）。

一般而言，文件中若有交叉參照至其他部分內容時，大多是直接以文字撰寫參考內容，如：「更多資料請參見表 1：滿意度調查表」。當你改寫一個標題、添加或刪除數據、或重組主題，就必需回到參考文件上更改參考內容，因此在資料更新上就會顯得很繁雜。只要使用交叉參照的方式來建立文件，當替換任何類型的資料內容時，所有參照將自動更新以顯示目前的文字內容或頁碼。

### 錦囊妙計

### 建立交叉參照

**步驟01** 將游標放置於欲設定交叉參照的位置。

> **1.4.利用擴充套件增添各式各樣的功能**
>
> 除了預設提供的許多功能外，LibreOffice 可以輕鬆透過強大的擴充機制來擴充功能。在我們的平臺上取得更多功能與文件範本。各項軟體功能說明請見

步驟02 點選「插入 (I)」功能表中的「交叉參照 (Q)」。

步驟03 設定「類型 (T)」，如：「表」→點選「參照內容」，如：表 1：LibreOffice 軟體介紹→設定「插入參照至 (R)」為「參照」→最後再選按「插入 (I)」。

完成之後，即可看到設定的結果。

### 1.4.利用擴充套件增添各式各樣的功能

除了預設提供的許多功能外，LibreOffice 可以輕鬆透過強大的擴充機制來擴充功能。在我們的平臺上取得更多功能與文件範本。各項軟體功能說明請見表 1：Libreoffice 軟體介紹

以此類推，即可完成所有的參照設定。

更新交叉參照

**步驟01** 變更參照文字的內容，如：「表 1：LibreOffice 各軟體功能說明」。

表 1：Libreoffice 各軟體功能說明

| 元件 | | 說明 |
|---|---|---|
| | **Writer** | 一款與 Microsoft Word 或 WordPerfect 有著類似功能和檔案支援的文書處理器。它包含大量所見即所得的文書處理能力，但也可作為一個基本的文字編輯器來使用。 |
| | **Calc** | 一款電子試算表程式，類似於 Microsoft Excel 或 Lotus 1-2-3。它包含大量特有的特性，包括一個基於用戶可用的資訊來自動定義圖示系列的系統。。 |

**步驟02** 選按鍵盤「F9」即可刷新交叉參照內容。

（註：標題會自動更新內容，但頁碼則必須要手動更新，故建議按「F9」全部更新內容，避免有遺漏情形。）

**1.4.利用擴充套件增添各式各樣的功能**

除了預設提供的許多功能外，LibreOffice 可以輕鬆透過強大的擴充機制來擴充功能。在我們平臺上取得更多功能與文件範本。各項軟體功能說明請見表 1：Libreoffice 各軟體功能說明

按鍵盤「F9」

---

**小百科**

文件中要使用交叉參照的功能，必須要先有標題樣式、表格標題、圖標記或書籤等參照內容，才能指定參照連結的位置。

常用交叉參照：

| 以【第 1 章 何謂 Lireoffice，第 3 頁】為例 | | |
|---|---|---|
| **參照功能** | **說明** | **顯示結果** |
| 頁面 | 頁碼 | 3 |
| 章節 | 章節的編號 | 1 |
| 參照 | 標題的文字 | 何謂 Lireoffice |
| 之上 / 之下 | 指定的標題段落上方或下方位置 | |
| 數字 | 章節樣式 | 第 1 章 |

# 041 文件中，目錄的頁碼如何取消？

長篇文件製作時，如果為內容加上「頁碼」，則整份文件都會一致產生相同格式的頁碼，如果希望目錄頁不要顯示頁碼，該如何設定呢？

## 觀念說明

一份文件超過二個頁面，我們一般稱之為「長篇文件」，必須將其編上頁碼，讓閱讀的人可以瞭解內容的前後順序。

而內容的章節標題如果超過二個以上，我們一般也會為其加上目錄頁面，但是目錄頁面其實是獨立於文件內容之外的，如果只有一頁，可將其取消不需要顯示頁碼。

## 錦囊妙計

**步驟01** 將「文字插入點」放置於目錄頁的編輯區中。

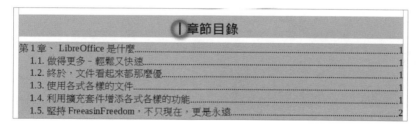

**步驟02** 在下方「狀態列」上「預設樣式」的字樣上，選按「滑鼠右鍵」顯示快顯功能表→點選「索引 (F)」，變更目錄頁的頁面樣式。

回到編輯區中，目錄的頁碼已經刪除。

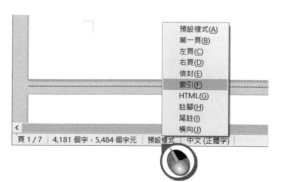

# 042 目錄的頁碼如何修改成羅馬字 i、ii？

　　長篇文件製作時，如果為內容加上「頁碼」，則整份文件都會一致產生相同格式的頁碼，但是目錄頁的頁碼一般為了和內容的頁碼有所區別，會將其改成「羅馬數字」顯示，如「i、ii」，該如何設定呢？

## 觀念說明

當長篇文件加上頁碼時，整份文件會一致的產生格式相同的頁碼，但是目錄頁面其實是獨立於文件內容之外的，一般為了和內容的頁面有所區別，會將它的頁碼格式修正為「羅馬數字」來顯示，如：「i、ii…」或「I、II…」。

## 錦囊妙計

**STEP01** 將「文字插入點」放置於目錄頁的編輯區中。

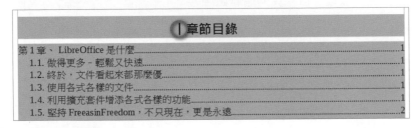

**STEP02** 點選「頁尾 ( 索引 )」的「+」新增頁碼。

STEP03 點選「插入 (I)」功能表中的「頁碼 (P)」，加上預設的數字頁碼。

STEP04 在「頁碼」的數字上，快點滑鼠左鍵二下，開啟格式設定畫面。

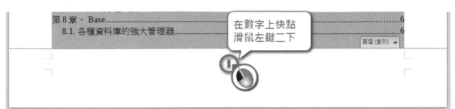

STEP05 點選「羅馬數字（i ii iii）」→再選按「確定」。

回到編輯區，目錄的頁碼即變更為「羅馬數字」。

# 043　如何快速列印活動的結業證書？

　　一般機構在舉辦進修活動之後通常都會核發結業證書，以茲證明參與進修的人員已取得相關技能或知識。像這種只有姓名不一樣，但內容完全一致的文件，若是自行輸入姓名資料，不僅耗時又費工還很容易出錯。若要快速且正確的列印出每個與會人員的證書，該如何解決呢？

## 觀念說明

要列印活動證書等這種格式一致、內容資料卻有些差異的文件，我們可採用「合併列印」的方式來完成。

首先必須有一份來源清單，再將內容套印到紙本，如此便可完成格式相同但每筆資料不同的文件。

不過要進行兩份文件內容的合併，並不是只有遵循列印「標籤」的模式來進行。除了以「新增文件」的方式來進行資料的合併列印之外，我們也可直接在既有的文件中先編排相關內容，再將資料庫予以關聯，而後進行「資料欄位」的合併，將其列印成我們所需要的文件格式。

## 錦囊妙計

Writer 文件預設的編輯區是空白的，證書的部份若非已有制式的紙本文件，通常都必須自行加入背景樣式，使列印出來的文件更顯正式。

## 設定文件內容與格式

**步驟01** 首先，先製作欲合併列印的文件，如下圖。

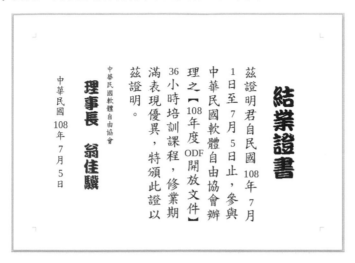

**步驟02** 點選「插入 (I)」功能表中的「影像 (I)」。

**步驟03** 選擇所需要的背景，如：「證書邊框」→再按「開啟 (O)」。

04 在側邊欄中選按環繞的「⊡」。

05 設定「穿過 (U)」→再勾選「☑ 置於背景 (K)」。

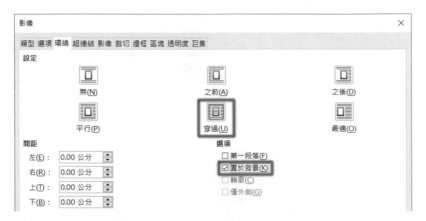

06 選按「類型」標籤→設定錨定為「◉至頁面 (P)」→再按「確定」。

**STEP 07** 在側邊欄中取消勾選「□維持比例 (K)」→再設定圖片的大小為「寬 29.7 公分，高 21 公分」。

完成設定之後，圖片即成為證書的背景（圖片來源：http://www.freepik.com Selected by freepik）。

## 設定文件和資料庫的關聯

**01** 點選「插入 (I)」功能表中的「欄位 (D)」項下的「更多欄位 (M)」。

**02** 點選「資料庫」標籤→再按「瀏覽 (D)」。

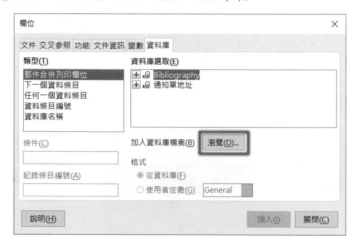

**03** 點選「資料庫來源檔案」，如：學員名單 .ods →再按「開啟 (O)」。

步驟04 加入資料庫檔案「學員名單」後，在操作技巧上要先點進試算表檔案中的工作表，例如：此範例點進「學員名單」裡的「工作表 1」工作表，再點「插入 (I)」鈕後按「關閉 (C)」。

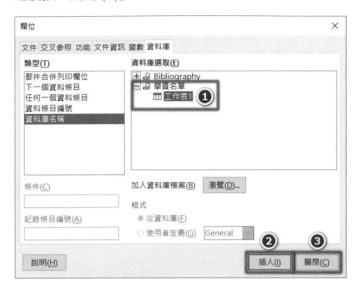

步驟05 請刪除因插入而產生的欄位。

設定資料的欄位

步驟01 點選「檢視 (V)」功能表中的「資料來源 (D)」。

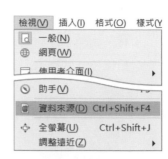

步驟02 點選左方瀏覽窗格「學員名單」中「表格」前方的
「+」→再點選「工作表 1」→將「姓名」的欄位拖曳
至「茲證明」的文字之後，如下圖所示。

小技巧

當文字和圖片重疊時，有時資料來源的欄位可能不易拖放，此時可先將背景圖
片予以「剪下」，待資料來源欄位放置完成後，再將其「貼上」；或是可先完
成文件與資料庫欄位的關聯與文件內容編輯，最後再插入圖片並將其放置於背
景，會比較容易操作。

## 設定合併列印

STEP01 點選「工具 (T)」功能表中的「合併郵件精靈 (Z)」。

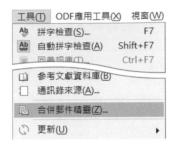

STEP02 點選「◉使用目前的文件 (D)」→再按「下一步 (N) >」。

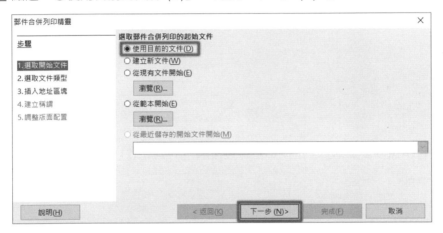

STEP03 點選「◉信紙 (L)」→再按「下一步 (N) >」。

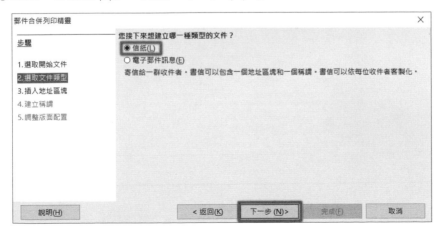

**04** 本文件不需要設定地址，因此本步驟直接選按「下一步 (N) >」。

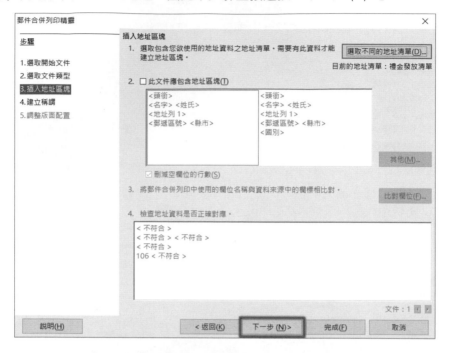

**05** 本文件不需要設定稱謂，因此本步驟直接選按「完成 (F)」。

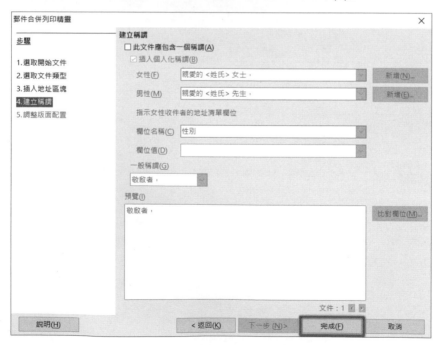

回到編輯區中，即可看到「郵件合併」工具列，選按「編輯個別文件」即可進行文件與資料庫的合併。

完成合併後，系統即將所有的學員名單列印成證書，如下圖。

## 044 文件中,如何列印符合條件的資料?

有時在列印資料時,並不是要將所有資料清單全部列印出來,而是抓取條件符合的資料,但我們不可能將所有的資料逐一的過濾,該如何解決呢?

### 觀念說明

製作一份通知單時,為了避免被誤認為廣告信件,建議儘可能不要採用冷冰冰的制式文件,最好能在文件中看到收件者的相關資訊,如:姓名。

另外,在內容的部份也儘可能列印符合條件的資料,避免無差別的資料列印,如此一來便可節省成本並減少無效資料。

然而,當資料量龐大,不可能逐一過濾所有的資料時,可以透過合併列印中的「條件」設定來輔助完成。

### 錦囊妙計

#### 設定文件內容和資料庫關聯

步驟01 首先,先製作欲合併列印的文件,如右圖。

> 敬愛的,您好!
>
> 　一年一度的重陽佳節即將來臨,謹先祝福您身心健朗,闔府安康!
>
> 　今年度重陽敬老禮金將於 108 年 8 月 15 日至 9 月 15 日於里長辦公室發放,請您攜帶身份證、印章及本通知單(編號: )至領取。
>
> 　另秋高氣爽,建議您能多至郊外踏青,注重養生和運動,並多參加各項學習和休閒課程,期能「學到老、活到老」。
>
> 　敬祝
>
> 　　佳節愉快,健康樂活!
>
> 　　　　　　　　　　　○○○政府 敬啟

步驟02 點選「插入 (I)」功能表中的「欄位 (D)」項下的「更多欄位 (M)」。

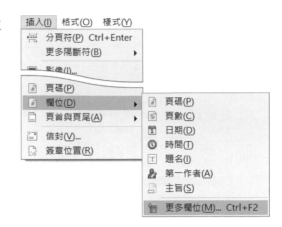

步驟03 點選「資料庫」標籤→再按「瀏覽 (D)」。

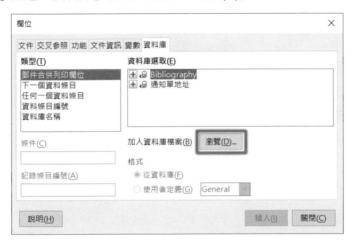

步驟04 點選「資料庫來源檔案」，如：禮金發放清單 .ods →再按「開啟 (O)」。

**05** 加入資料庫檔案「禮金發放清單」後,在操作技巧上要先點進試算表檔案中的工作表,例如:此範例點進「禮金發放清單」裡的「名單」工作表,再點「插入 (I)」鈕後按「關閉 (C)」。

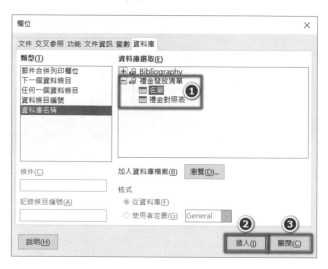

**06** 請刪除因插入而產生的欄位。

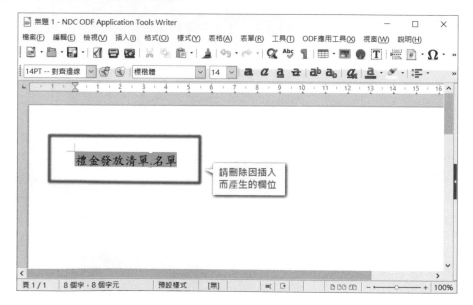

## 設定資料的欄位

**步驟01** 點選「檢視 (V)」功能表中的「資料來源 (D)」。

**步驟02** 點選左方瀏覽窗格「禮金發放清單」中「表格」前方的「+」→再點選「名單」→將「姓名」、「通知單號碼」及「領取處」的欄位拖曳至「相對應的位置」，如下圖所示。

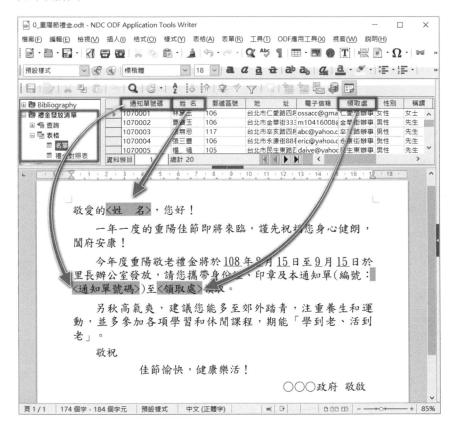

設定合併列印

**STEP01** 點選「工具 (T)」功能表中的「合併郵件精靈 (Z)」。

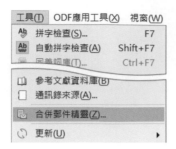

**STEP02** 點選「◉使用目前的文件 (D)」→再按「下一步 (N) >」。

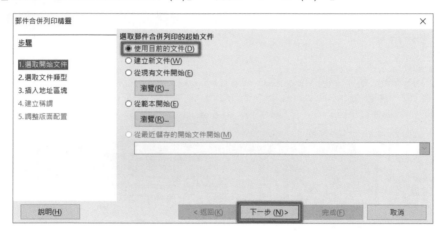

**STEP03** 點選「◉信紙 (L)」→再按「下一步 (N) >」。

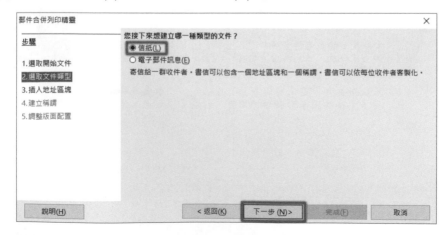

步驟04 點選右上方「選取地址清單 (D)」。

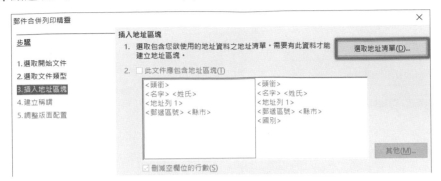

步驟05 點選「篩選 (F)」。

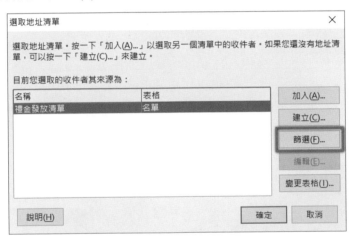

步驟06 設定條件為「年齡」、「>=」、「60」→再按「確定」。

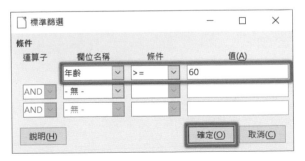

**07** 選按「確定」。

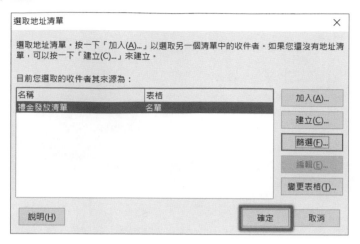

**08** 選按「下一步 (N) >」。

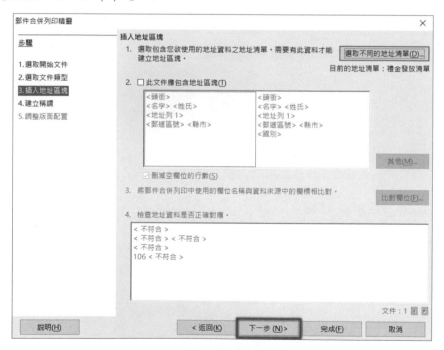

**09** 本文件不需要設定稱謂，因此本步驟直接選按「完成 (F)」。

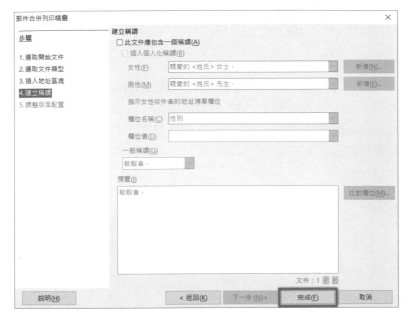

回到編輯區中，即可看到「郵件合併」工具列，選按「編輯個別文件」即可進行文件與資料庫的合併。

完成合併後，系統只會列印出符合條件的資料，如下圖。

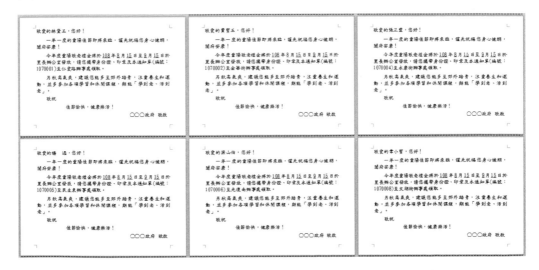

# 045　文件中，如何列印標籤的資料？

在寄送資料時，有時候會需要將資料列印在標籤貼紙上，這些標籤貼紙的尺寸僅有名片般的大小，比起預設文件的編輯區而言的確是小了許多，但我們也不可能因此就修改編輯區的大小，否則印表機將會無法列印，而標籤的內容每筆資料都不盡相同，如果要編輯既費神又費時，該如何解決呢？

## 觀念說明

一份新文件的編輯區尺寸預設大小皆為 A4 紙張，若是要列印的資料尺寸和 A4 紙張差異太大，有時可能會無法列印。

但是有時我們因工作需求，要列印只有名片般大小的資料，如：標籤，大多數的使用者會採用預設文件 A4 的尺寸大小，經過編輯後再進行裁切。然而標籤上的資料，若每筆內容都不一樣，在資料的排版和輸入就會費時費工。

如果要快速編輯這些標籤內容並且讓編輯區中有名片般的小編輯區，我們可以採用「標籤」及「合併列印」來進行文件的製作。

所謂的「合併列印」是指將兩份文件的資料內容合併在一起，再將合併後的文件予以列印。此兩份文件，一份是來自 Wirter 的編輯文件，一份則是來自 Calc 試算表或 Base 資料庫的清單。

## 錦囊妙計

### 設定文件和資料庫的關聯

**圖01** 點選「插入 (I)」功能表中的「欄位 (D)」項下的「更多欄位 (M)」。

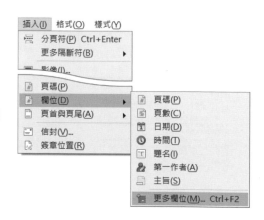

步驟02 點選「資料庫」標籤→「類型」選擇「資料庫名稱」→再按「瀏覽 (D)」。

步驟03 點選「資料庫來源檔案」，如：通知單地址 .ods →再按「開啟 (O)」。

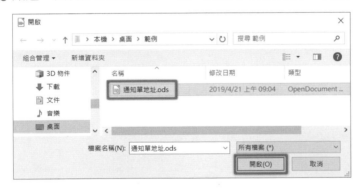

步驟04 加入資料庫檔案「通知單地址」後，在操作技巧上要先點進試算表檔案中的工作表，例如：此範例點進「通知單地址」裡的「名單」工作表，再點「插入 (I)」鈕後按「關閉 (C)」。

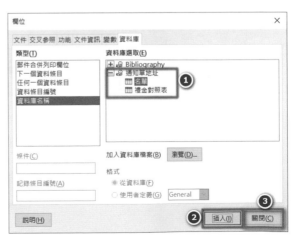

步驟05 請刪除因插入而產生的欄位。

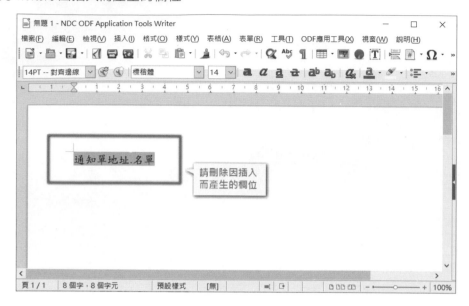

### 設定標籤文件內容

步驟01 點選「檔案 (F)」功能表中的「新增 (N)」項下的「標籤 (L)」。

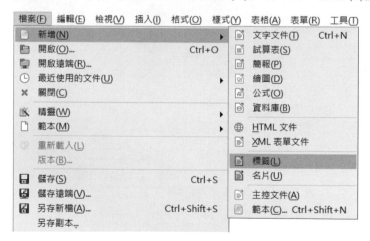

步驟02 在「標籤」中設定「資料庫 (D)」為「通知單地址」→設定「表格 (E)」為「名單」。

步驟03 點選「資料庫欄位 (F)」中的「郵遞區號」→選按「◀」，使欄位放置於「標籤文字 (A)」中，如下圖所示。

步驟04 依序將「地址」及「姓名」的欄位加入，如下圖所示。

**05** 設定標籤「格式」為「◉單張 (S)」→設定「品牌 (G)」為「Avery A4」→選按「類型 (T)」為「C2265 Disk Labels」（視實際情形設定）。

**06** 點選「選項」標籤→勾選「☑ 同步內容 (Z)」→選按「新文件 (N)」。

回到編輯區，標籤的欄位內容即設定完成，如下圖。

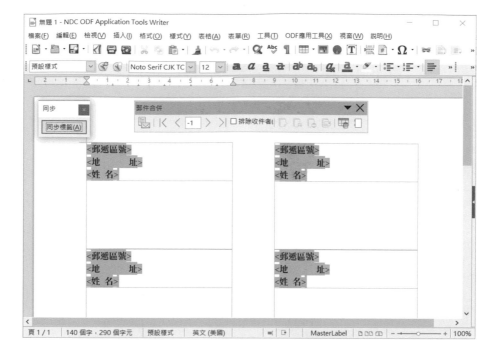

## 設定標籤內容

01 設定「標籤的內容格式」，如：文字的大小。

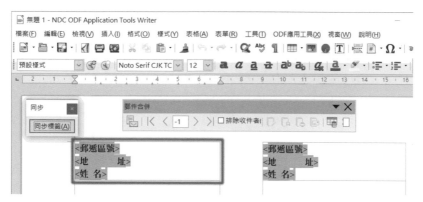

02 再選按「同步標籤」，讓所有標籤的內容格式一致。

編輯區中所有的標籤內容，即會和第一張標籤格式一致。

### 設定合併列印

**01** 點選「工具 (T)」功能表中的「合併郵件精靈 (Z)」。

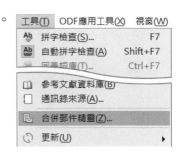

**02** 點選「⦿使用目前的文件 (D)」→再按「下一步 (N)>」。

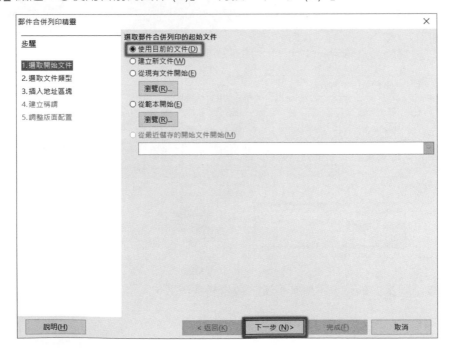

STEP**03** 點選「◉信紙 (L)」→再按「下一步 (N)>」。

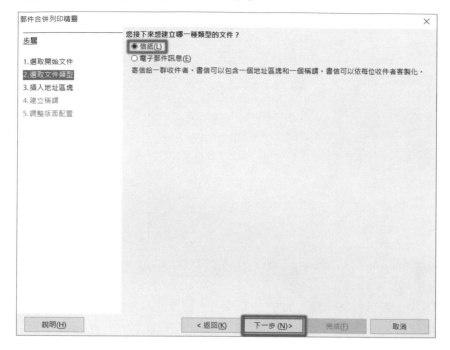

STEP**04** 本文件不需要設定地址，因此本步驟直接選按「下一步 (N)>」。

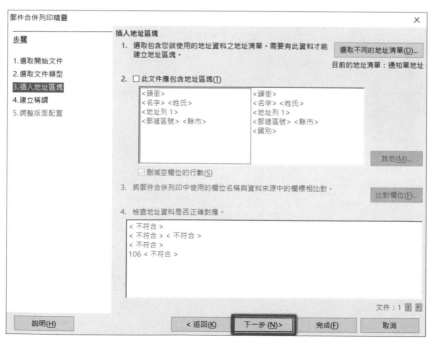

**STEP05** 本文件不需要設定稱謂，因此本步驟直接選按「完成 (F)」。

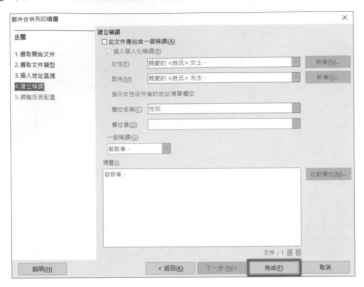

回到編輯區中，即可看到「郵件合併」工具列，選按「編輯個別文件」即可進行文件與資料庫的合併。

完成合併後，系統會產生一份新的文件，如下圖。

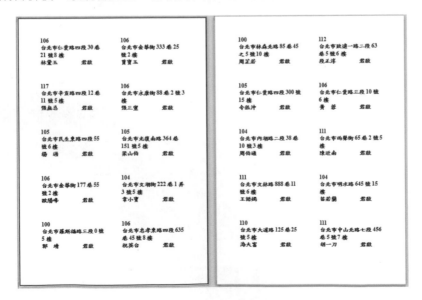

# 046　文件中，資料要如何進行正反面列印？

有時候參加會議或研討會，拿到相關的電子檔資料，希望將它列印出來，但是由於頁數太多，想要進行正反面的列印，該怎麼做呢？

## 觀念說明

文書文件在列印資料時，預設會將一個頁面的資料列印成一張單面的 A4 紙張。

如果希望將資料列印成正反兩面，有兩種方式可以完成：若原始資料為不可編輯的 PDF 檔，可透過「多頁」的列印設定來完成；若原始資料為可編輯的文書格式，則可透過「印表機」設定來完成。

## 錦囊妙計

### 不可編輯的 PDF 檔正反面列印

本範例使用軟體以 Adobe Acrobat Reader DC 進行操作示範

**01** 在 Adobe Acrobat Reader DC 開啟 PDF 檔→點選「檔案 (F)」功能表中的「列印 (P)」。

0_正反面列印
_Lebreoffice 研習講義.
pdf

277

**02** 點選「印表機型號」，如：FX DC-II C3300 PCL →勾選「☑ 雙面列印 (B)」→再選按「列印」。

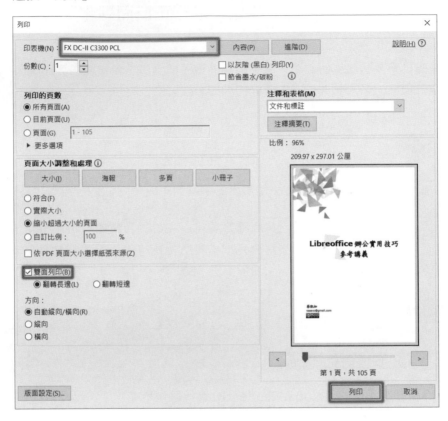

---

**可編輯的文書格式正反面列印**

**01** 開啟可編輯的文書檔案→點選「檔案 (F)」功能表中的「列印 (P)」。

0_正反面列印
_Lebreoffice 研習講義.
odt

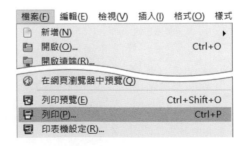

步驟02 點選「印表機型號」，如：FX DC-II C3300 PCL →再選按「屬性 (C)」。

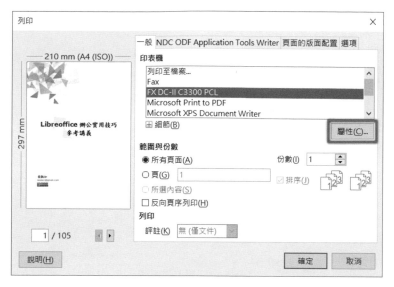

步驟03 設定「雙面列印 (B)」為「在長邊緣翻轉」（視實際情形設定）→再按「確定」。

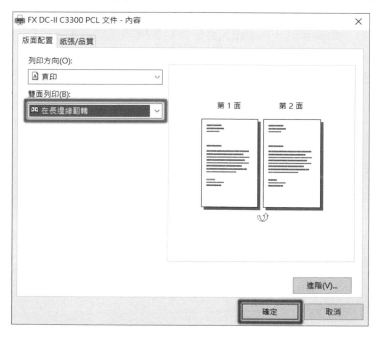

圖04 點選「選項」標籤→勾選「☑ 僅使用印表機偏好設定中的紙張大小 (U)」→再選
按「確定」。

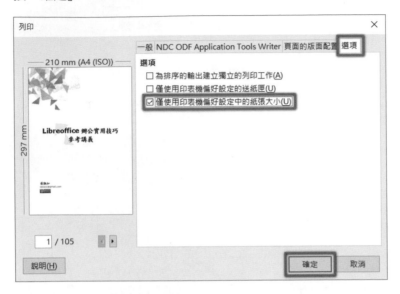

設定完成之後，印表機會先列印奇數頁（有些印表機會先列印偶數列）的資料，待
列印完成後，再列印另一面的資料，如此正反面的資料就列印完成了！

# 047　如何將兩頁 A5 尺寸資料列印在一頁 A4 紙張？

　　有時候需要列印一些文件或資料，但它們的內容卻是 A5 尺寸（即 A4 紙張的一半），若將版面設定為 A5，列印多份文件時，一張 A4 的紙張只印一半的資料，不僅浪費紙張，裁剪也耗時；如果要將它們印在同一張 A4 紙張，且裁剪時大小一致，要如何設定呢？

## 觀念說明

文書文件在列印資料時，無論編輯區為 A4 或 A5 尺寸，預設皆會將一個頁面的資料列印成一張 A4 紙張。

如果想要將二個 A5 編輯區的資料列印在同一張 A4 紙張中，可以藉由 Writer 文書編輯軟體「列印」功能中內建「縮放」設定來達成。

## 錦囊妙計

要將 A5 大小的資料，在同一張 A4 紙張中列印成二份，首先必須確認編輯區中有二頁資料。

01 點選「檔案 (F)」功能表中的「列印 (P)」。

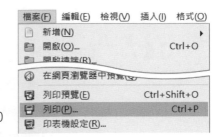

02 點選「印表機型號」，如：FX DC-II C3300 PCL。

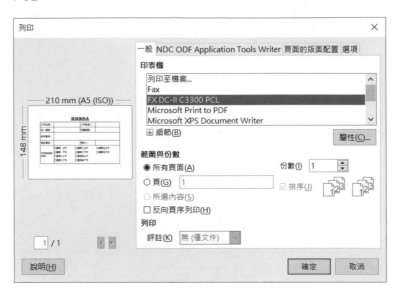

03 點選「頁面的版面配置」標籤→設定「◉每張紙上縮印的頁數 (A)」為「2」。

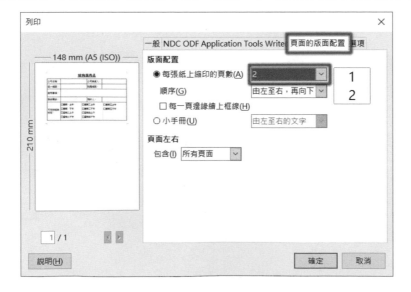

步驟04 點選「選項」標籤→勾選「☑ 僅使用印表機偏好設定中的紙張大小 (U)」→再選按「確定」。

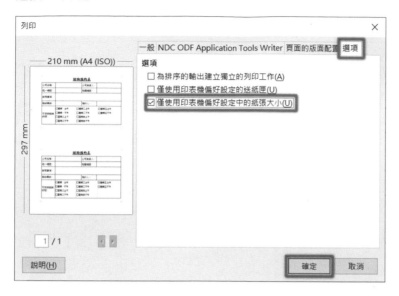

設定完成之後，列印出來的 A4 紙張，就會包含兩張編輯區的資料。

## 048　文件中，要如何製作開會用的桌牌？

辦理大型研討會或座談會時，有時需要製作大量的桌牌，讓與會人員可對號入座，但採買塑膠立牌僅使用一次是不敷成本的，如果要自己製作桌牌，該如何設定呢？

### 觀念說明

一般使用者製作桌牌時，多數會採用表格來輔助，其實桌牌的設定並非採用表格來製作，因為採用這種方式製作的版面，會因為文字和表格框線有一定的間距，屆時在裁切或對折為桌面立牌時會不易調整。

因此製作桌牌比較建議的方式，是採用四合一的版面排版與列印設定，如此一來桌牌在裁切或對折為三角形的桌面立牌就可以很輕鬆的完成。

### 錦囊妙計

#### 設定桌牌的編輯區大小

步驟01 點選「格式 (O)」功能表中的「頁面 (P)」。

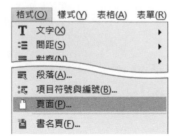

**02** 在「頁面」標籤中設定紙張格式「寬度」為「21 公分」、「高度」為「7.5 公分」（A4 紙張的 1/4）→調整頁面邊距「左右上下」皆為「1 公分」→再按「確定」。

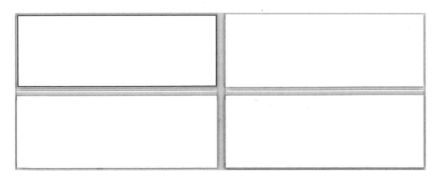

頁面樣式: 預設樣式 ✕

統籌概覽 **頁面** 區塊 透明度 頁首 頁尾 邊框 多欄 註腳 文字網格

**紙張格式**
格式(F)： 使用者
寬度(W)： 21.00 公分
高度(H)： 7.50 公分
方向(O)： ○ 縱向(P)
　　　　　 ◉ 橫向(A)
文字方向(T)： 由左向右(橫書)

送紙匣(T)： [採用印表機設定]

**頁面邊距**
左(B)： 1.00 公分
右(C)： 1.00 公分
上(D)： 1.00 公分
下(E)： 1.00 公分

**版面配置設定**
頁面的版面配置(P)： 左右頁相同
頁碼(G)： 1, 2, 3, ...
☐ 行距皆相等(U)
　 參照樣式(S)：

說明(H)　　　　　　　　　　重設(R)　套用(A)　**確定(O)**　取消(C)

**03** 點選「插入 (I)」功能表中的「分頁符 (P)」，重複三次，讓頁面產生四個編輯區。

插入(I)　格式(O)　樣式(Y)
┣━ 分頁符(P) Ctrl+Enter
　　更多隔斷符(B)　　　　▶

設定完成後，回到編輯區，即會有四個編輯頁面。

編輯桌牌的內容

**01** 點選「插入 (I)」功能表中的「美術字 (J)」。

**02** 點選「喜愛 1」的樣式→選按「確定」。

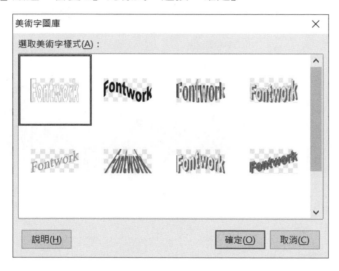

**03** 在「Fontwork」字樣上「快點滑鼠左鍵二下」，進入編輯模式。

**04** 輸入「桌牌上需要的文字」，如：蔡凱如老師→再點選一下「編輯區空白處」完成輸入。

**05** 點選「蔡凱如老師」美術字→選按「滑鼠右鍵」顯示快顯功能表→點選「錨定(H)」→設定為「至頁面 (A)」。

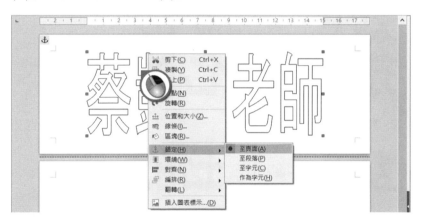

**06** 調整「蔡凱如老師」美術字大小及位置→點選「工具列」的「充填色彩」→設定美術字為「黑色」。

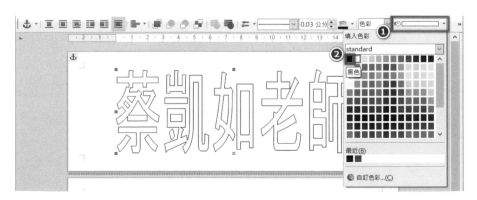

**07** 將美術字「蔡凱如老師」複製，並貼上至另外三個編輯區，如下圖所示。

**08** 點選第一個「蔡凱如老師」美術字→選按「滑鼠右鍵」顯示快顯功能表→點選「位置和大小」。

**09** 點選「旋轉」標籤→設定「角度 (A)」為「180」度→再按「確定」。

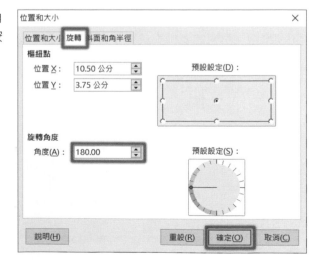

**STEP10** 點選第三個「蔡凱如老師」美術字，重複**STEP08**及**STEP09**的設定。回到編輯區中，第一頁和第三頁的美術字就會上下顛倒，如下圖所示。

## 列印桌牌的內容

**STEP01** 點選「檔案 (F)」功能表中的「列印 (P)」。

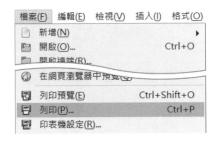

**STEP02** 點選「印表機型號」，如：FX DC-II C3300 PCL。

**03** 點選「頁面的版面配置」標籤→設定「◉每張紙上縮印的頁數 (A)」為「自訂」
→設定「頁 (B)」為「1」、乘 (C)「4」。

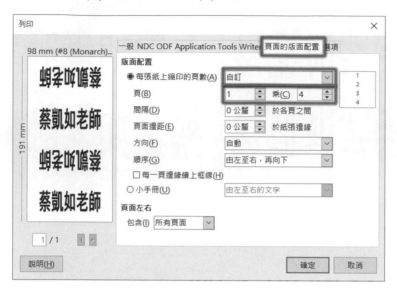

**04** 點選「選項」標籤→勾選「☑ 僅使用印表機偏好設定中的紙張大小 (U)」→再選
按「確定」。

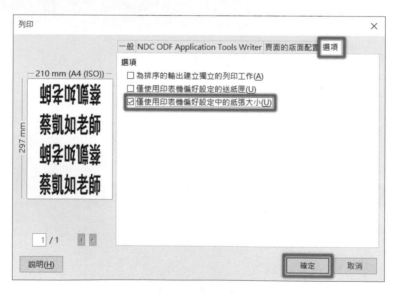

設定完成之後，列印出來的資料即可折成三角椎狀的桌牌。

## 049　如何將 A4 的頁面放大至 B4 或 A3 的紙張列印？

　　工作中難免會需要將資料頁面進行放大列印（即將資料內容放大至 B4 或 A3 尺寸），但是預設的文書軟體編輯區皆為 A4 紙張的尺寸，因此大多使用者會將編輯區的尺寸變更為 B4 或 A3 以符合列印的紙張大小，但編輯區的尺寸變更，卻會面臨整份資料必須重新排版的窘況，該如何解決呢？

### 觀念說明

文書文件在列印資料時，不論編輯區的尺寸大小，預設皆會將一個頁面的資料列印成一張 A4 紙張，當編輯區小於 A4 紙張，就會留下空白處。

而如果要將原先 A4 尺寸的資料，列印至尺寸較大的 B4 或 A3 的紙張，若是直接採用 B4 或 A3 的紙張進行列印，也會面臨同樣的問題！

當今天拿到一份 A4 的文件，想要列印成 B4 或 A3 尺寸的紙本文件，大多數的使用者直覺反應會將文件的「頁面」修正為「B4 或 A3」，然而這個做法會讓整份文件的內容面臨重新排版的窘況。

其實，超過 A4 尺寸編輯區的資料，若要列印成較大尺寸的紙本文件，只要透過「列印」設定即可輕鬆將頁面縮放至 B4 或 A3 紙張中。

### 錦囊妙計

步驟01 點選「檔案 (F)」功能表中的「列印 (P)」。

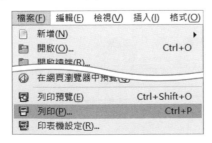

02 點選「印表機型號」，如：FX DocuCentre-II C3300 PCL →再選按「屬性 (C)」。

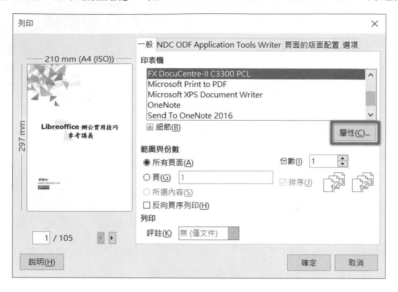

03 點選「紙張 / 輸出」中的「紙張選擇 (S)」。

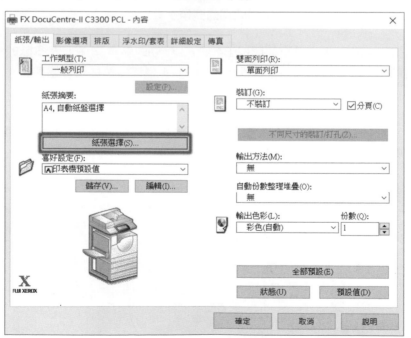

步驟04 設定印表機輸出的「紙張尺寸」為「A3」→再按「確定」。

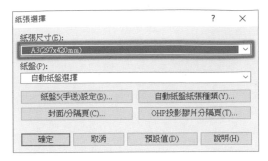

步驟05 接著設定「紙盤」位置，如：紙盤 3（視實際情形設定放置 A3 的紙盤位置）→ 再按「確定」。

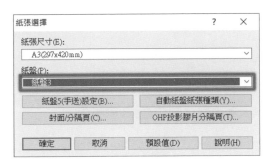

步驟06 回到列印設定，點選「選項」標籤→勾選「☑ 僅使用印表機偏好設定中的紙張大 小 (U)」。

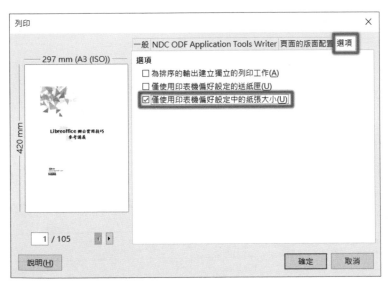

**07** 點選「頁面的版面配置」標籤→設定「◉每張紙上縮印的頁數 (A)」為「自訂」
→設定「頁面邊距 (E)」為「1 公釐」至紙張邊緣→再按「確定」。

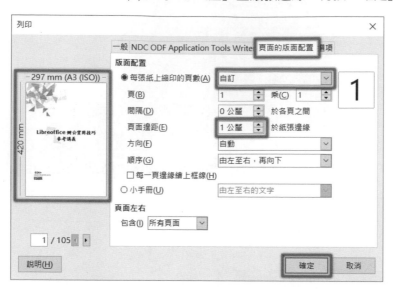

設定完成之後，原先 A4 尺寸大小的資料，即會放大列印在 A3 紙張中。

---

💡 **小百科**

如果要列印 B4 或 A3 尺寸的紙本文件，必須先確認印表機有該尺寸的紙匣，一
般個人的印表機僅有 A4 紙張的紙匣，所以採用多功能事務機或影印機列印的
使用者才可以完成這個設定。

## 050　如何將 A3 大小頁面資料，縮放至 A4 紙張列印？

　　工作中難免會遇到需要大編輯區的資料（即資料內容超過預設 A4 尺寸），因此預設的文書軟體 A4 的編輯區顯然不足以滿足編輯需求，因此大多使用者會將編輯區的尺寸變更為 B4 或 A3 的大小來進行編輯，但編輯後的資料，若想要縮放在 A4 的紙張中，採用個人印表機的使用者卻會面臨無法列印的窘況，該如何解決呢？

### 觀念說明

文書文件在列印資料時，不論編輯區的尺寸大小，預設皆會將一個頁面的資料列印成一張 A4 紙張。當編輯區小於 A4 紙張，就會留下空白處；當編輯區大於 A4 紙張，超過頁面的資料就會無法被列印。

如果今天拿到一份超過 A4 編輯區的文件，想要列印成紙本文件，大多數的使用者直覺反應會將文件的「頁面」修正為「A4」，然而這個做法會讓整份文件的內容版面失真，必須花二倍或更多的時間，重新排版文件。

其實，超過 A4 尺寸編輯區的資料，若要列印成紙本文件，只要透過「列印」設定即可輕鬆縮放至 A4 紙張中！

### 錦囊妙計

**步驟01** 點選「檔案 (F)」功能表中的「列印 (P)」。

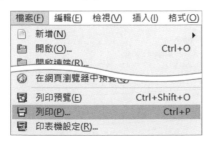

02 點選「印表機型號」，
如：FX DC-II C3300
PCL。

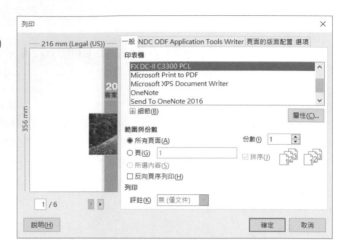

03 點選「選項」標籤→勾
選「☑ 僅使用印表機
偏好設定中的紙張大小
(U)」。

04 點選「頁面的版面配置」
標籤→設定「◉每張紙
上縮印的頁數 (A)」為
「自訂」→設定「頁面邊
距 (E)」為「5 公釐」於紙
張邊緣→再按「確定」。

設定完成之後，列印出來的
資料即會縮放在 A4 紙張中。

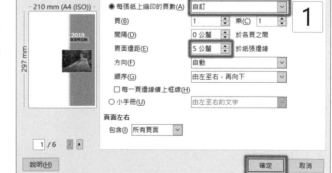

# 第 3 章

# 101 招之 Calc 試算表　實戰篇

# 051

## 報表中，如何將第一列或第一欄標題固定？

　　當工作表的資料筆數較多時，使用者在瀏覽內容就必須捲動捲軸才能看到右方或下方的資料，但如此一來就無法同時看到標題欄或標題列的項目，常常會造成資料的誤讀，該如何解決呢？

### 觀念說明

當工作表的資料超過螢幕的寬度或高度，如果沒有列印成紙本資料而是在螢幕中瀏覽時，無論是捲動上下的捲軸或是左右的捲軸，螢幕中的標題就會跟著捲動，如此一來閱讀時不僅沒有效率且容易誤解內容。

想要在閱讀時依然能看到標題欄或標題列，可以利用「工作窗格」的功能將視窗進行固定或分割顯示。

### 錦囊妙計

**分割第一列 / 第一欄**

步驟01 將滑鼠指標放置於捲軸上方使其呈現「⇕」。

**02** 按著滑鼠左鍵不放，將其拖曳到所需位置。

完成之後，視窗便會分成上下二個。

**03** 滑鼠指標放置於捲軸右方使其呈現「⇔」。

**04** 按著滑鼠左鍵不放，將其拖曳到所需位置。

完成之後，視窗便會分成左右二個。

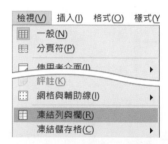

**05** 點選「檢視 (V)」功能表中的「凍結列與欄」。

完成設定之後，報表中的資料在螢幕捲動時，標題皆會固定不動，俾利內容的閱讀。

☼ **小百科**

列分割或欄分割可獨立執行，不一定要同時進行設定。

**快速凍結欄列**

步驟01 將滑鼠指標放置於「欲分割的位置」。

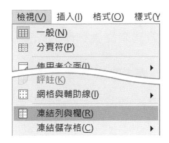

步驟02 點選「檢視 (V)」功能表中的「凍結列與欄」。

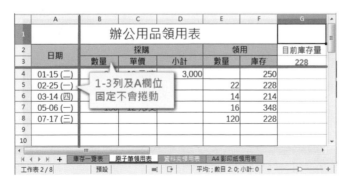

完成設定之後，視窗會直接分割並凍結，報表中的資料在螢幕捲動時，標題皆會固定不動。

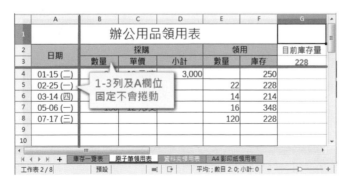

# 052　報表中，如何變更工作表名稱？

　　一份報表中，如果有多張工作表，預設會以「工作表 1」、「工作表 2」⋯為其命名。但是這樣的工作表名稱不易辨識，無法在第一時間為使用者傳達工作表的內容資訊，往往造成資料搜尋上的困擾，該如何解決呢？

## 觀念說明

開啟一份新的試算表，預設的工作表名稱是「工作表 1」，當使用者新增工作表時，則會以「工作表 2」、「工作表 3」⋯依序命名。預設的工作表名稱原先是用於辨別工作表在列印時的順序，但其實使用者仍可透過搬移的方式來變更列印的先後順序。

然而，每一張工作表的內容不盡相同，如若皆以「工作表 + 數字」做為標籤，實在無法在第一時間讓使用者瞭解工作表的報表內容，尤其是工作表若在隱藏的情況下，更不易找尋到所需要的工作表。

因此為了能快速識別工作表內容，也為了讓報表內容在運算時能更正確，我們會給予工作表貼切內容的適當名稱，如：加班時數統計表、零用金請領明細表⋯。若工作表的名稱相近，還可以變更色彩，便於辨認。

## 錦囊妙計

STEP 01　在「欲修改的工作表標籤」快點滑鼠左鍵二下。

**02** 輸入新的工作表名稱，如：產品庫存表→再按「確定」。

完成設定之後，回到編輯區，工作表的名稱就會從「工作表 1」變成為「產品庫存表」。

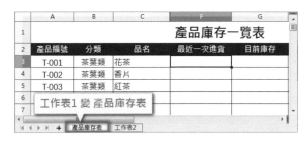

**03** 在「產品庫存表」標籤上，選按滑鼠右鍵顯示快顯功能表→點選「標籤色彩(T)」。

**步驟04** 點選色彩，如：黃色→再按「確定」。

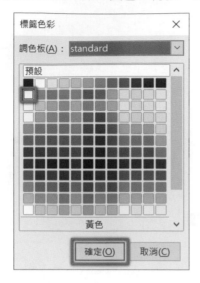

完成設定之後，回到編輯區，工作表的標籤色彩就會從預設的「灰色」變更為「黃色」。

> 🖐 **小百科**
>
> - 工作表名稱在命名時，不能空白，也不能使用 [、]、＊、？、：、/ 及 \ 這七個符號。
> - 同一份試算表中工作表的名稱不能重複。

## 053 如何保護工作表的結構不讓人修改？

已經設計好的工作表內容，如果不希望其他使用者任意的新增或刪除欄、列，變更原有的工作表內容，該如何設定呢？

### 觀念說明

當試算表中已完成每張工作表的架構，且每張工作表中的格式、運算式等資料也都編輯設計好，若是有使用者不小心刪除工作表或欄、列，就很容易造成報表內容產生錯誤。此時，我們可以將試算表的結構或工作表的內容予以保護，讓使用者只能瀏覽內容而無法進一步編輯或修改資料，如此一來，便不用擔心會有誤刪資料或竄改資料的情況發生。

不過，「保護工作表」和「保護試算表」，其實是不一樣的，使用者可以不同需求加以設定：

1. 保護工作表：試算表中可以有多張的「工作表」，每一張工作表皆可獨立的保護內容資料不被新增、刪除及修改。

2. 保護試算表：試算表是指一個「報表檔案」，內容可能包含多張工作表，檔案被保護時，工作表內容是可以新增、刪除和編輯的，但試算表中的工作表架構則無法進行新增、刪除和搬移。

### 錦囊妙計

### 保護工作表

**圖01** 點選「工具 (T)」中的「保護工作表 (S)」。

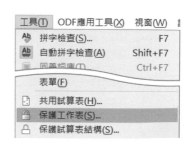

**02** 設定「密碼 (P)」，如：1234 → 再次輸入「確認 (C)」密碼，如：1234 → 選按
「確定」。

完成設定之後，在工作表的內容即被保護無法編輯，若強行編輯，即可看到如下的
訊息。

**03** 若要取消保護設定，點選「工具 (T)」中的「保護工作表 (S)」。

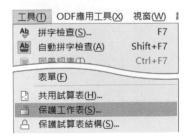

04 輸入「取消保護的密碼」，如： 1234 →再按「確定」。

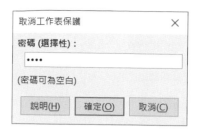

## 保護試算表

01 點選「工具 (T)」中的「保護試算表 結構 (S)」。

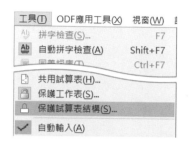

02 設定「密碼 (B)」，如：abcdefgh → 再次輸入「確認 (C)」密碼，如： abcdefgh →選按「確定」。

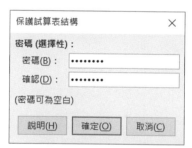

完成設定之後，在試算表的結構即被保護能編輯的功能將受到限制，點選滑鼠右鍵 顯示快顯功能表會發現選單內容變少了。

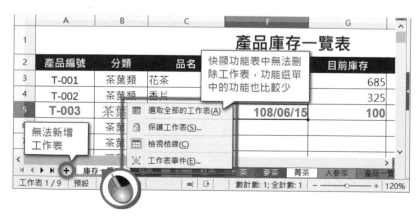

**03** 若要取消保護設定，點選「工具 (T)」中的「保護試算表結構 (S)」。

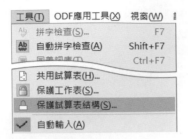

**04** 輸入「取消保護的密碼」，如：abcdefgh →再按「確定」。

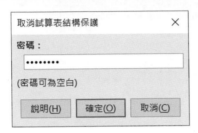

# 054 報表中，如何開放使用者編輯局部範圍？

製作完成的表格，若需要交由其他單位的同仁來填寫，常常會有人誤填欄位，造成資料內容彙整錯誤，要如何指定某部份的範圍是可以填寫呢？

## 觀念說明

有時候完成一份報表，需要經過不同的承辦人來填寫資料，但一不小心就容易誤植欄位，為了避免這樣的情形重複發生，除了可以透過「驗證」的方式來提醒使用者之外，我們還可以在報表中開放局部可編輯的範圍，如此便可降低資料誤植的情況。

## 錦囊妙計

### 設定局部可編輯範圍

**Step 01** 選取欲開放輸入資料的儲存格範圍。

| | A | B | C | D | E | F | G |
|---|---|---|---|---|---|---|---|
| 1 | | | | 上鈞資訊服務有限公司<br>人事資料表 | | | |
| 2 | 編號 | 姓名 | 部門 | 到職日期 | 電話 | Email | |
| 3 | 001 | 賴雪莉 | 業務部 | 1994-10-20 | | | |
| 4 | 002 | 汪寶兒 | 人資部 | 1995-03-15 | | | |
| 5 | 003 | 陳棟驤 | 行銷部 | 1995-08-24 | | | |
| 6 | 004 | 林景穫 | 業務部 | 1995-11-05 | | | |
| 7 | 005 | 鐘珦樺 | 資訊部 | 1996-03-27 | | | |

員工資料表

**步驟02** 點選「格式 (O)」功能表中的「儲存格 (L)」。

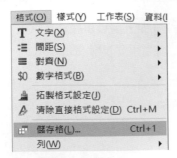

**步驟03** 點選「儲存格保護」標籤→取消勾選「□受保護 (P)」→再按「確定」。

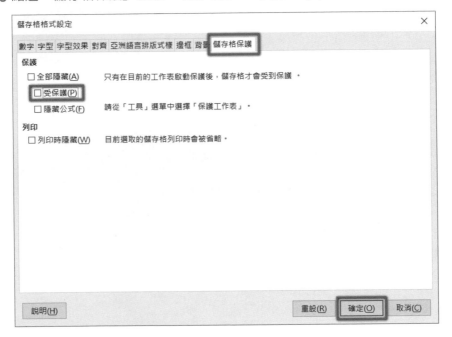

**步驟04** 點選「工具 (T)」功能表中的「保護工作表 (S)」。

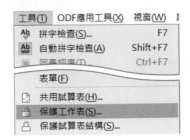

步驟05 設定「密碼 (P)」，如：1234 → 再次輸入「確認 (C)」密碼，如：1234 → 選按「確定」。

設定完成之後，回到編輯區中，除了步驟01 所選取的範圍之外，皆已被保護無法輸入資料。

## 取消局部可編輯範圍

**步驟01** 點選「工具 (T)」功能表中的「保護工作表 (S)」。

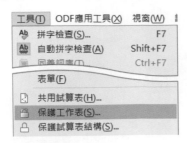

**步驟02** 輸入「取消保護的密碼」，如：1234 →再按「確定」。

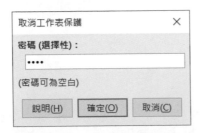

設定完成之後，回到編輯區中，工作表已不受保護，任一處皆可輸入資料。

---

### 小百科

由於「設定局部可編輯範圍」時，在「步驟02」及「步驟03」取消了儲存格的保護，
為避免日後「保護工作表」的功能沒有作用，建議修正這個步驟的設定：

步驟 1 點選「格式 (O)」功能表中的「儲存格 (L)」。

步驟 2 點選「儲存格保護」標籤→重新勾選「☑ 受保護」→「確定」。

# 055 如何隱藏工作表內容？

　　試算表中可能同時存在多張工作表，但有時某些工作表可能只是用來註記說明、或是內容更新備份留底；這些工作表在閱讀時，並不一定要完整的呈現給其他使用者。如果擅自將其刪除，日後欲查詢資料時，可能會造成困擾，該如何解決呢？

## 觀念說明

報表中的運算，有時可能會需要使用到一些小技巧來協助，因此大多時候會採用其他工作表來輔助，然而這些工作表並非正式報表，不需要顯示給使用者閱讀，但是如果將其刪除，報表中的運算結果可能就會產生錯誤；如果將其保留，在閱讀報表內容時又會顯得突兀，可以透過「隱藏工作表」的方式，將它藏匿起來，待有需要時再顯示。

## 錦囊妙計

### 隱藏工作表

步驟01 在「欲隱藏的工作表」標籤上，點按滑鼠右鍵顯示快顯功能表→點選「隱藏工作表 (H)」。

| 4 | T-003 | 茶葉類 | 紅茶 | | 20 | 35 |
|---|-------|--------|------|---|----|----|
| 5 | T-004 | 茶葉類 | 插入工作表(S)... | | 20 | 35 |
| 6 | T-005 | 茶葉類 | 刪除工作表(D)... | | 30 | 45 |
| 7 | T-006 | 茶葉類 | 重新命名工作表(R)... | | 20 | 35 |
| 8 | T-007 | 茶葉類 | 移動或複製工作表(M)... | | 30 | 45 |
| 9 | T-008 | 茶葉類 | 選取全部的工作表(A) | | 25 | 40 |
| 10 | T-009 | 茶葉類 | 保護工作表(S)... | | 35 | 50 |

隱藏工作表(H)
檢視格線(C)
標籤色彩(T)...
工作表事件(E)...

庫存一覽表　產品成本表　香片　紅茶　綠茶　麥茶　菁茶　人參茶

工作表 2 / 9　　預設　　（圖）　　數計數: 0; 全計數: 1

完成設定之後，工作表即會被隱藏起來不顯示於試算表中。

## 顯示工作表

**01** 在「任何一張工作表」標籤上，點按滑鼠右鍵顯示快顯功能表→點選「顯示工作表 (S)」。

**02** 點選「欲取消隱藏的工作表」，如：產品成本表 →再按「確定」。

完成設定之後，回到編輯區，工作表即會重新顯示於試算表中。

| 產品編號 | 分類 | 品名 | 成本 | 售價 |
|---|---|---|---|---|
| T-001 | 茶葉類 | 花茶 | 30 | 45 |
| T-002 | 茶葉類 | 香片 | 25 | 40 |
| T-003 | 茶葉類 | 紅茶 | 20 | 35 |
| T-004 | 茶葉類 | 綠茶 | 20 | 35 |
| T-005 | 茶葉類 | 麥茶 | 30 | 45 |
| T-006 | 茶葉類 | 菁茶 | 20 | 35 |
| T-007 | 茶葉類 | 人參茶 | 30 | 45 |
| T-008 | 茶葉類 | 冬瓜茶 | 25 | 40 |
| T-009 | 茶葉類 | 仁茶 | 35 | 50 |
| T-010 | 茶葉類 | 圓茶 | 30 | 45 |

產品成本表又重新顯示

庫存一覽表　產品成本表　花茶　香片　紅茶　綠茶　麥茶　菁茶　人參

工作表 2 / 9 　　預設　　　　　　平均：; 數目 2: 1; 小計: 0

### ☞ 小百科

為避免要取消隱藏工作表時，無法判斷正確與否，每張工作表在製作的同時，都必須要為其命名，便於日後辨識相關內容。

315

# 056　如何隱藏工作表欄列資料內容？

　　工作表中的內容，有時因為計算的需要、有時因為資訊敏感，因此會希望不顯示於工作表中，但如果擅自將其刪除，可能會影響計算結果的正確性，如果保留在工作表中又影響版面閱讀、甚至洩露敏感資訊，該如何解決呢？

## 觀念說明

因應「個人資料保護法」上路，在報表中與個人相關的資訊，如：身分證字號、生日、電話住址等不能顯示於工作表中；除此之外，在報表的運算中，有時敏感的數據，如：考核分數、薪資等不想顯示於工作表中，我們可以將它隱藏起來。

工作表中隱藏資料設定的方法有二種，無論採用哪一種方式隱藏資料，都不會影響原有的運算式設定：

1. 隱藏欄列：依據需求將整個欄位或整列予以隱藏，但「欄名列號」會有不連續的情況，被隱藏的欄或列在列印時不會被列印出來。

2. 隱藏儲存格資料：將儲存格的內容從工作表中隱藏，不會影響工作表欄列的結構，一般較適用於局部儲存格範圍，值得注意的是，必須和「保護工作表」的功能搭配使用才能設定完成。

## 錦囊妙計

### 隱藏欄列

**01** 選取「欲隱藏的欄或列」，點選滑鼠右鍵顯示快顯功能表→點選「隱藏欄 (I)」或「隱藏列 (I)」。

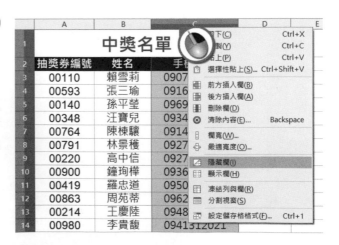

完成設定之後，該欄位或列在工作表中即會
被隱藏起來不顯示。

## 取消隱藏欄列

**步驟01** 選取「欲顯示的欄或列」前後的欄和列。

**步驟02** 點選滑鼠右鍵顯示快顯功能表→點選「顯示欄 (H)」或「顯示列 (W)」。

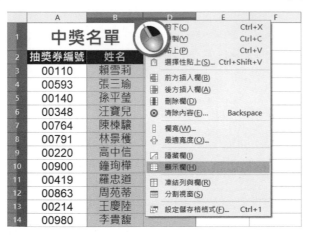

完成設定之後，該欄位或列在工作表中即會重新顯示。

| | A | B | C | D | E |
|---|---|---|---|---|---|
| 1 | | 中獎名單 | | | |
| 2 | 抽獎券編號 | 姓名 | 手機號碼 | | |
| 3 | 00110 | 賴雪莉 | 0907740659 | | |
| 4 | 00593 | 張三瑜 | 0916925002 | | |
| 5 | 00140 | 孫平瑩 | 0969797204 | | |
| 6 | 00348 | 汪寶兒 | 0934331119 | | |
| 7 | 00764 | 陳棟驤 | 0914086742 | | |
| 8 | 00791 | 林景襛 | 0927560988 | | |
| 9 | 00220 | 高中信 | 0927560989 | | |
| 10 | 00900 | 鐘珣樺 | 0936549558 | | |
| 11 | 00419 | 羅忠道 | 0950156321 | | |
| 12 | 00863 | 周苑蒂 | 0962799804 | | |
| 13 | 00214 | 王慶陸 | 0948413506 | | |
| 14 | 00980 | 李貴馥 | 0941312021 | | |

> C 欄位重新顯示於工作表中

中獎名單

## 隱藏儲存格資料

步驟01 選取「欲隱藏的儲存格」。

| | A | B | C | D |
|---|---|---|---|---|
| 1 | | 中獎名單 | | |
| 2 | 抽獎券編號 | 姓名 | 手機號碼 | |
| 3 | 00110 | 賴雪莉 | 0907740659 | |
| 4 | 00593 | 張三瑜 | 0916925002 | |
| 5 | 00140 | 孫平瑩 | 0969797204 | |
| 6 | 00348 | 汪寶兒 | 0934331119 | |
| 7 | 00764 | 陳棟驤 | 0914086742 | |
| 8 | 00791 | 林景襛 | 0927560988 | |
| 9 | 00220 | 高中信 | 0927560989 | |
| 10 | 00900 | 鐘珣樺 | 0936549558 | |
| 11 | 00419 | 羅忠道 | 0950156321 | |
| 12 | 00863 | 周苑蒂 | 0962799804 | |
| 13 | 00214 | 王慶陸 | 0948413506 | |
| 14 | 00980 | 李貴馥 | 0941312021 | |

中獎名單

步驟02 點選「格式 (O)」功能表中「儲存格 (L)」。

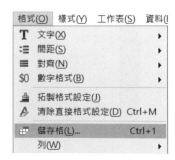

| 格式(O) | 樣式(Y) | 工作表(S) | 資料(|
|---|---|---|---|
| T | 文字(X) | | ▶ |
| | 間距(S) | | ▶ |
| | 對齊(N) | | ▶ |
| $0 | 數字格式(B) | | ▶ |
| | 拓製格式設定(J) | | |
| | 清除直接格式設定(D) | Ctrl+M | |
| | 儲存格(L)... | Ctrl+1 | |
| | 列(W) | | ▶ |

STEP 03 點選「儲存格保護」標籤→勾選「☑ 全部隱藏 (A)」→「確定」。

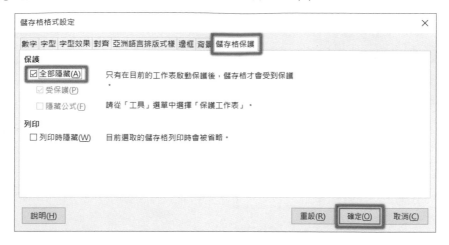

STEP 04 點選「工具 (T)」功能表中「保護工作表 (S)」。

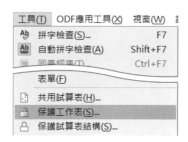

STEP 05 設定「密碼 (P)」，如：1234 →再次輸入「確認 (C)」密碼，如：1234 →選按「確定」。

完成設定之後，儲存格的資料在工作表中即會被隱藏起來不顯示。

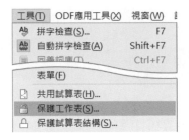

**取消隱藏儲存格資料**

**01** 點選「工具 (T)」功能表中的「保護工作表 (S)」。

**02** 輸入「取消保護的密碼」，如：1234 →再按「確定」。

完成設定之後，儲存格的資料在工作表中即會重新顯示。

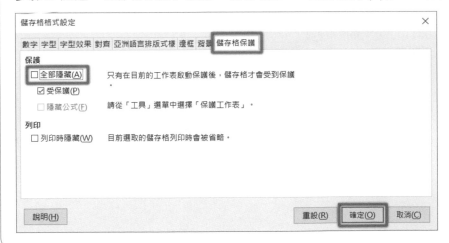

---

💡 小百科

由於「設定隱藏儲存格資料」時，在「步驟02」及「步驟03」設定了儲存格資料全部隱藏，為避免日後「保護工作表」的功能啟用時資料被誤判而隱藏，建議修正這個步驟的設定：

步驟 1　點選「格式 (O)」功能表中的「儲存格 (L)」。

步驟 2　點選「儲存格保護」標籤→取消勾選「☐全部隱藏 (A)」→「確定」。

# 057　如何隱藏儲存格中的部分文字？

因應個人資料保護法上路，工作表中若有敏感的數據資料，就必須將其局部隱藏不能完整顯示，當工作表中有大量資料時，該如何設定呢？

## 觀念說明

因應「個人資料保護法」上路，在報表中與個人相關的資訊，如：身分證字號、生日、電話住址等不能顯示於工作表中；但有時卻會造成資料在公告上的困擾，可以透過「替換」的方式，將儲存格中的資料予以部份隱藏再公告。

## 錦囊妙計

圖01 將「文字插入點」放置於「C3」儲存格→點選資料編輯列中的「 _fx_ 」函式精靈。

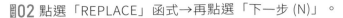

步驟02 點選「REPLACE」函式→再點選「下一步 (N)」。

步驟03 在「文字」處，設定「B3」儲存格→在「位置」處，設定「2」→在「字數」處，設定「1」→在「新文字」處，設定「"○"」→再按「確定」。

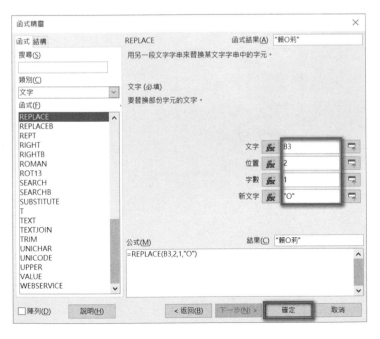

完成設定之後，C3 儲存格即顯示「賴○莉」。

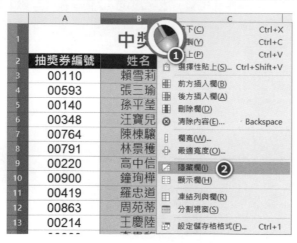

**步驟04** 滑鼠指標放在「C3」儲存格的「填滿控點」→快點滑鼠左鍵二下或按著滑鼠左鍵不放，向下拖曳，完成其他儲存格公式複製。

**步驟05** 選取「B 欄位」→選按滑鼠右鍵顯示快顯功能表→點選「隱藏欄 (I)」。

完成設定之後，表格中原有完整姓名的欄位即會隱藏，
僅留下局部顯示的姓名欄位。

| | A | C |
|---|---|---|
| 1 | 中獎名單 | |
| 2 | 抽獎券編號 | 姓名 |
| 3 | 00110 | 賴〇莉 |
| 4 | 00593 | 張〇瑜 |
| 5 | 00140 | 孫〇瑩 |
| 6 | 00348 | 汪〇兒 |
| 7 | 00764 | 陳〇驤 |
| 8 | 00791 | 林〇穫 |
| 9 | 00220 | 高〇信 |
| 10 | 00900 | 鐘〇樺 |
| 11 | 00419 | 羅〇道 |
| 12 | 00863 | 周〇蒂 |
| 13 | 00214 | 王〇陸 |
| 14 | 00980 | 李〇馥 |

💡 小百科

REPLACE 函式引數說明：

- 文字：要變更文字的儲存格來源位置。

- 位置：從第幾個字開始變更。

- 字數：要變更幾個文字。

- 新文字：欲替代舊文字的新文字。

## 058　如何讓儲存格中的資料自動隨儲存格大小換行？

　　報表中的儲存格資料，每筆數據的內容可能有多有少，如果要一筆一筆進行手動換行，在修改資料時會顯得非常的費時費工，若希望儲存格中的資料，能隨儲存格放大縮小而自動調整行數，該如何設定呢？

### 觀念說明

報表中的資料，預設皆以一行的方式呈現，如果同一個儲存格要呈現二行以上的排版，則必須要經由設定才能達成。儲存格中的資料，只有文字內容才能出現二行以上，如果是數值資料則不能切割成二行。

將儲存格的內容設定成二行以上的排版，有「手動換行」及「自動換行」二種方式：

- 手動換行：一般也稱之為「多行文字」，內容寬度固定，不會隨儲存格的調整而變動。

   由使用者透過鍵盤的「Ctrl + Enter」鍵，將內容分成二行或更多行呈現，採用這個方式換行的資料，其型態會被判定為「文字」，無法進行統計、分析，但可進行內容的篩選，常用於欄、列標題及備註說明。

- 自動換行：一般也稱之為「文字折行」，內容寬度會隨儲存格的調整而變動。

   當儲存格中的資料過於冗長時，透過設定將其自動分為二行或更多行呈現，採用這個方式換行的資料，只能是文字資料，不能是數值資料，常用於地址及備註說明等文字較多的儲存格。

錦囊妙計

步驟01 選取「欲設定的欄位」→調整適當的欄寬。

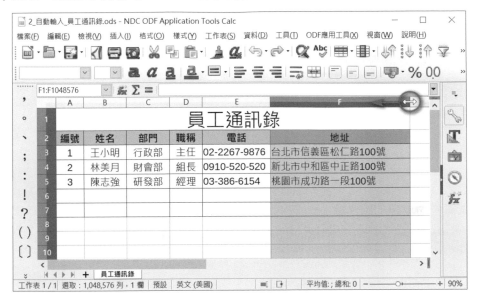

步驟02 點選工具列上「 ⬒ （文字折行）」。

完成設定之後，儲存格中的資料會依目前的欄位寬度自動換行。

| | A | B | C | D | E | F |
|---|---|---|---|---|---|---|
| 1 | | | | 員工通訊錄 | | |
| 2 | 編號 | 姓名 | 部門 | 職稱 | 電話 | 地址 |
| 3 | 1 | 王小明 | 行政部 | 主任 | 02-2267-9876 | 台北市信義區松仁路100號 |
| 4 | 2 | 林美月 | 財會部 | 組長 | 0910-520-520 | 新北市中和區中正路100號 |
| 5 | 3 | 陳志強 | 研發部 | 經理 | 03-386-6154 | 桃園市成功路一段100號 |
| 6 | | | | | | |
| 7 | | | | | | |

## 小百科

試算表中常見的組合鍵：

| 鍵盤按鍵 | 功能說明 |
|---|---|
| Ctrl + Home | 將游標移到工作表的 A1 儲存格 |
| Ctrl + End | 將游標移到工作表中最後一個含有數據的儲存格 |
| Ctrl + → | 將游標移到當前數據區域的右邊緣 |
| Ctrl + ← | 將游標移到當前數據區域的左邊緣 |
| Ctrl + ↑ | 將游標移到當前數據區域的上邊緣 |
| Ctrl + ↓ | 將游標移到當前數據區域的下邊緣 |
| Ctrl + Shift + 方向鍵 | 將游標從目前的儲存格，連續選取至有資料的最末端 |
| Ctrl + F3 | 開啟定義的名稱對話框 |
| Shift + F4 | 切換運算式中的參照模式(用於資料編輯列) |
| Ctrl + Enter 鍵 | 多行輸入 |
| Alt + Enter 鍵 | 複製輸入(用於連續儲存格) |

## 059　報表中，如何輸入多行文字？

　　報表中的儲存格資料，每筆數據的內容可能有多有少，若希望儲存格中的資料，能顯示兩行以上的內容，該如何設定呢？

### 觀念說明

試算表與一般文件最大的不同，即是它的內容是以表格形態呈現，而每一格儲存格即為一個編輯區，使用者可輸入文字、數字、日期、符號或運算式等資料。

在試算表的儲存格中輸入資料，無論是文字或數字，皆會放在同一行儲存格中，若沒有特別設定，並不會換到第二行。

所謂「多行文字」是指在同一個儲存格中，資料以二行或更多行的方式，放置於同一個儲存格中顯示，採用這個方式換行的資料，其型態會被判定為「文字」，無法進行統計、分析，但可進行內容的篩選，常用於欄、列標題及備註說明。

### 錦囊妙計

步驟01 將「文字插入點」放置於「A1」儲存格→輸入「所需的資料內容」，如：上鈞資訊服務有限公司。

**02** 選按鍵盤「Ctrl 鍵」不放→再按下「Enter」鍵，「文字插入點」會放置於第二行。

**03** 輸入「所需的資料內容」，如：零用金申請單→選按鍵盤的「Enter」鍵完成輸入，即可看到儲存格呈現二行文字。

## 060　報表中，如何讓儲存格中的資料呈現直書？

一般而言，報表中的資訊皆為「從左至右」的橫書，但有時為了需求想要將儲存格中的資料轉換成「由上而下」閱讀的直書，該如何設定呢？

### 觀念說明

報表中的資料，無論是中文字、英文字或數值，預設皆是「從左向右」閱讀的橫書型態，但因應某些報表內容的需求，我們可將儲存格的資料改成「由上往下」閱讀的直書型態。

要將儲存格的資料從橫書改為直書，乍看之下和「文字折行」的效果非常雷同，但是「文字折行」儲存格中的資料會隨欄寬調整而變動，若採用這個方式讓報表呈現直書，當報表中的欄寬有調整時，反而會造成莫大的災難，因此要採用的是「垂直堆疊」設定來完成。

### 錦囊妙計

步驟01 選取「欲設定為直書的資料範圍」。

| | B | C | D | E | F | G |
|---|---|---|---|---|---|---|
| 1 | 編號 | A01 | A02 | A03 | A04 | A05 |
| 2 | 公司名稱 | 實業有限公 | 東南實業 | 坦森行貿易 | 頂有限公 | 喻台生機械 |
| 3 | 負責人 | 陳小姐 | 黃小姐 | 胡先生 | 王先生 | 李先生 |
| 4 | 職稱 | 業務 | 董事長 | 董事長 | 業務 | 訂貨員 |
| 5 | 地址 | 忠孝東路四 | 仁愛路二 | 市中正路一 | 縣中新路1 | 市花蓮路9 |
| 6 | | | | | | | |

步驟02 點選「格式 (O)」功能表中的「儲存格 (L)」。

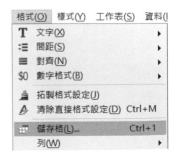

格式(O)　樣式(Y)　工作表(S)　資料(I

| | | |
|---|---|---|
| T | 文字(X) | ▶ |
| ≣ | 間距(S) | ▶ |
| ≡ | 對齊(N) | ▶ |
| $0 | 數字格式(B) | ▶ |
| | 拓製格式設定(J) | |
| | 清除直接格式設定(D) | Ctrl+M |
| | 儲存格(L)... | Ctrl+1 |
| | 列(W) | ▶ |

03 點選「對齊」標籤→勾選「☑ 垂直堆疊」→再按「確定」。

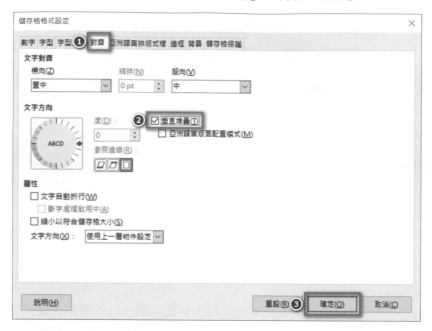

完成設定之後，編輯區中儲存格的資料，就會呈現由上往下閱讀的直書文件。

| | B | C | D | E | F | G | H | I | J | K | L | M | N | O | P | Q | R | S | T |
|---|---|---|---|---|---|---|---|---|---|---|---|---|---|---|---|---|---|---|---|
| 1 | 編號 | A01 | A02 | A03 | A04 | A05 | A06 | A07 | A08 | A09 | A10 | A11 | A12 | A13 | A14 | A15 | A16 | A17 | A1: |
| 2 | 公司名稱 | 三川實業有限公司 | 東南實業 | 坦森行貿易 | 國頂有限公司 | 喻台生機械 | 琴花卉 | 皓國廣兌 | 邁多貿易 | 琴攝影 | 中央開發 | 宇泰雜誌 | 威航貨運承攬有限公司 | 三捷實業 | 嗨天旅行社 | 美國運海 | 萬海 | 世邦 | 敦郵斯船舶 |
| 3 | 負責人 | 陳小姐 | 黃小姐 | 胡先生 | 王先生 | 李先生 | 劉先生 | 方先生 | 劉先生 | 謝小姐 | 王先生 | 徐先生 | 李先生 | 林小姐 | 林小姐 | 鍾小姐 | 劉先生 | 方先生 | 劉先生 |
| 4 | 職稱 | 業務 | 董事長 | 董事長 | 業務 | 訂貨員 | 業務 | 行銷專員 | 董事長 | 董事長 | 會計人員 | 業務 | 業務助理 | 研發人員 | 董事長 | 船務 | 業務 | 董事長 | 董事長 |

# 061　報表中，如何顯示『0』開頭的資料？

　　在儲存格中輸入「0」開頭的數值資料，如數字編號「01、02…」或銀行帳號「00XXXXXXXXX」，當按下「Enter」鍵確認後，會發現儲存格中的「0」值消失不見，以致於資料無法正確顯示，該如何解決呢？

## 觀念說明

一般而言，輸入數值資料如果以「0」開頭，當按下「Enter」鍵完成輸入時，「0」值會自動消失不見，這是因為預設數值資料以「0」開頭是無意義的，如：000100，其實就是 100，所以前面的「0」值不具意義。

但是，工作表中有些資料的確是需要以「0」值作為開頭，可能是電話號碼或是銀行帳號，如果「0」值消失不見就會嚴重影響資料的正確性。因此保有這些「0」值是非常重要的！

為了能讓「0」值顯示，很多使用者會將儲存格的格式設定為「文字」格式，這是非常不恰當的，因為如果新增欄位時，會承接它的格式設定，造成儲存格中的數值資料被誤判為文字資料，而無法進行運算。

## 錦囊妙計

### 自動補「0」

步驟01 選取「欲設定的儲存格範圍」。

**02** 點選「格式 (O)」功能表中的「儲存格 (L)」。

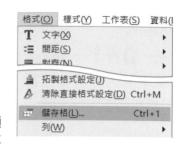

**03** 點選「數字」標籤→在「格式碼 (F)」輸入數字欲顯示的位數，如：【000】，表示至少要有三位數→再按「確定」。

完成設定之後，回到編輯區，只要輸入數字，如：1，系統就會自動在前方補「0」，顯示成「001」。

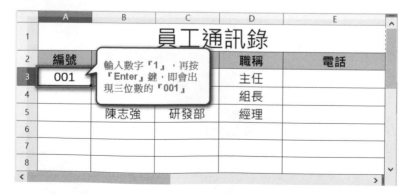

**以假文字「'」輔助**

**步驟01** 將「文字插入點」放置於「A1」儲存格→輸入「'」符號→再輸入數值資料，如：0228825252 →選按鍵盤的「Enter」鍵完成輸入。

完成設定之後，即可看到儲存格呈現以「0」開頭的數字。

---

💡 **小百科**

在「格式 (O)\ 儲存格 (L)\ 數值」的格式碼 (F) 中輸入的「0」值，一個「0」就表示一個位數，如：000，即表示百位數，意即儲存格中最少要以三位數來顯示，不足部份即會自動填補「0」值。

自動補「0」的功能，只能用於資料位數相同的儲存格。如果是銀行帳號有11-14 位數不等就不適用，因資料多一個「0」就會影響正確性。

## 062　報表中，如何建立檢查機制？

　　製作完成的表格，若需要交由其他單位的同仁來填寫，常常會有人誤填資料，造成資料彙整錯誤，要如何在輸入資料的同時檢查資料的正確性，當有輸入錯誤時顯示提醒呢？

### 觀念說明

報表中無論是數值資料或是文字資料，如果有輸入錯誤的值，在後續的處理上總是讓人感到困擾，而為了減少人為輸入的錯誤，我們可以在儲存格中建立檢查機制，讓資料在輸入的同時檢查正確性，避免有誤植的情形發生。

### 錦囊妙計

**STEP 01** 選取「欲設定的儲存格範圍」。

| | A | B | C | D | E |
|---|---|---|---|---|---|
| 1 | | 員工通訊錄 | | | |
| 2 | 編號 | 姓名 | 身分證字號 | 部門 | 職稱 |
| 3 | 1 | 王小明 | | 秘書室 | 主任 |
| 4 | 2 | 林美月 | | 人事室 | 組長 |
| 5 | 3 | 陳志強 | | 資訊室 | 經理 |
| 6 | 4 | 蔡凱如 | | 會計室 | 經理 |
| 7 | | | | | |
| 8 | | | | | |

**STEP 02** 點選「資料 (D)」功能表中的「驗證 (V)」。

資料(D)　工具(T)　ODF應
- 排序(S)...
- 按升序排序(A)
- 按降序排序(B)
- 樞紐分析表(P)
- 計算(L)
- 驗證(V)...
- 小計(T)...

步驟03 點選「條件」標籤→設定「允許 (A)」為「文字長度」→設定「資料 (D)」為「等於」→設定「值 (V)」為「10」。

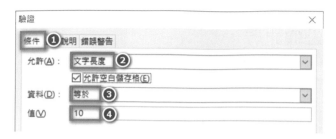

步驟04 點選「輸入說明」標籤→勾選「☑ 在選取儲存格時顯示輸入說明 (S)」→設定「題名 (T)」為「請輸入您的身分證字號」→設定「輸入說明 (I)」為「請在此輸入您的身分證字號，一共 10 個字。格式為：英文 + 數字 9 位。」。

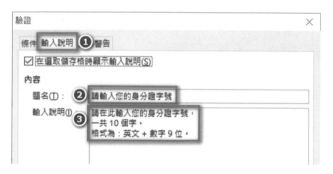

步驟05 點選「錯誤警告」標籤→設定資料錯誤時的「動作 (A)」為「停止」→設定「題名 (T)」為「資料有誤」→設定「錯誤訊息 (E)」為「您輸入的身份證字號不是 10 個字，請再次檢查」→選按「確定」。

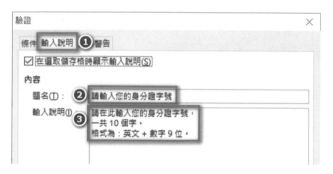

完成設定之後，回到編輯區中，當文字插入點在「圖01」所選取的範圍中，即可看到【提示訊息】，如下圖。

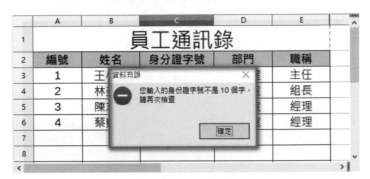

當儲存格輸入資料，若資料正確則可順利被接受，若資料有誤就會看到錯誤訊息。

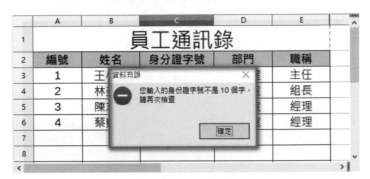

# 063 報表中，如何建立下拉式選單？

　　報表中常常需要輸入重複的資料，如果製作成「下拉式選單」即可減少資料重複輸入及降低錯誤的機率，該如何設定呢？

## 觀念說明

報表中的資料，原則上皆是由使用者自行輸入，但如果儲存格中資料重複性高，為了避免輸入錯誤及減少輸入的步驟，我們可以將其製作成「下拉式選單」，便可透過「點選」的方式將資料放置於儲存格中，既可避免資料誤植，又能確保輸入資料的正確性。

## 錦囊妙計

### 自動選單

**01** 選按鍵盤「Alt」鍵及方向鍵「↓」，顯示欄位曾經輸入過的資料。

**02** 透過「滑鼠」或方向鍵「↓」及「Enter」鍵，點選資料。

| | A | B | C | D | E | F |
|---|---|---|---|---|---|---|
| 1 | | | 員工通訊錄 | | | |
| 2 | 編號 | 姓名 | 部門 | 職稱 | 電話 | 地址 |
| 3 | 1 | 王小明 | 行政部 | 主任 | 02-2267-9876 | 台北市信義區松仁路100號 |
| 4 | 2 | 林美月 | 財會部 | 組長 | 0910-520-520 | 新北市中和區中正路100號 |
| 5 | 3 | 陳志強 | 研發部 | 經理 | 03-386-6154 | 桃園市成功路一段100號 |
| 6 | 4 | 蔡凱如 | | | | |
| 7 | | | 行政部 | | | |
| 8 | | | 研發部 | | | |
| 9 | | | 財會部 | | | |
| 10 | | | 部門 | | | |
| 11 | | | | | | |
| 12 | | | | | | |
| 13 | | | | | | |

完成之後，資料即會出現在儲存格中。

| | A | B | C | D | E | F |
|---|---|---|---|---|---|---|
| 1 | | | 員工通訊錄 | | | |
| 2 | 編號 | 姓名 | 部門 | 職稱 | 電話 | 地址 |
| 3 | 1 | 王小明 | 行政部 | 主任 | 02-2267-9876 | 台北市信義區松仁路100號 |
| 4 | 2 | 林美月 | 財會部 | 組長 | 0910-520-520 | 新北市中和區中正路100號 |
| 5 | 3 | 陳志強 | 研發部 | 經理 | 03-386-6154 | 桃園市成功路一段100號 |
| 6 | 4 | 蔡凱如 | 財會部 | | | |
| 7 | | | | | | |

**手動選單**

**01** 選取「欲設定的儲存格範圍」。

| | A | B | C | D | E |
|---|---|---|---|---|---|
| 1 | | | | 員工通訊錄 | |
| 2 | 編號 | 姓名 | 部門 | 職稱 | 電話 |
| 3 | 1 | 王小明 | | 主任 | 02-2267-9876 |
| 4 | 2 | 林美月 | | 組長 | 0910-520-520 |
| 5 | 3 | 陳志強 | | 經理 | 03-386-6154 |
| 6 | 4 | 蔡凱如 | | | |
| 7 | | | | | |
| 8 | | | | | |

**02** 點選「資料 (D)」功能表中的「驗證 (V)」。

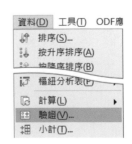

資料(D)　工具(T)　ODF應
- 排序(S)...
- 按升序排序(A)
- 按降序排序(B)
- 樞紐分析表(P)
- 計算(L) ▶
- 驗證(V)...
- 小計(T)...

**步驟03** 點選「條件」標籤→設定「允許 (A)」為「清單」→勾選「☑ 按升序排列條目 (T)」→設定「條目 (E)」的資料，如：秘書室、人事室、會計室…等→再按「確定」。

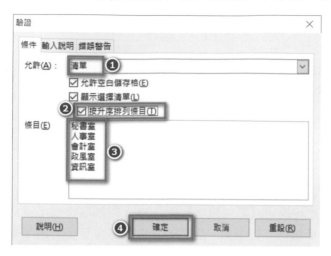

**步驟04** 完成設定之後，回到編輯區，在「步驟01」所選取的範圍中即可看到儲存格旁有一個「▼（箭頭）」符號可以點選。

|   | A | B | C | D | E |
|---|---|---|---|---|---|
| 1 |   |   |   | 員工通訊錄 |  |
| 2 | 編號 | 姓名 | 部門 | 職稱 | 電話 |
| 3 | 1 | 王小明 | ① ▼ | 主任 | 02-2267-9876 |
| 4 | 2 | 林美月 | 人事室 政風室 | 組長 | 0910-520-520 |
| 5 | 3 | 陳志強 | ② 秘書室 | 經理 | 03-386-6154 |
| 6 | 4 | 蔡凱如 | 會計室 資訊室 |  |  |
| 7 |   |   |   |   |   |

完成之後，資料即會出現在儲存格中。

|   | A | B | C | D | E |
|---|---|---|---|---|---|
| 1 |   |   |   | 員工通訊錄 |  |
| 2 | 編號 | 姓名 | 部門 | 職稱 | 電話 |
| 3 | 1 | 王小明 | 秘書室 ▼ | 主任 | 02-2267-9876 |
| 4 | 2 | 林美月 |  | 組長 | 0910-520-520 |
| 5 | 3 | 陳志強 |  | 經理 | 03-386-6154 |
| 6 | 4 | 蔡凱如 |  |  |  |

💡 **小百科**

- 下拉式選單，只能用於「欄位」資料，不能用於「列」資料。
- 自動選單，只能用在「文字資料」，不能用於「數值資料」。

## 064　如何顯示使用者自行設定的清單順序？

在試算表中依照所需完成資料的順序排列，但是使用「排序」的功能，卻一直無法依照所需的順序完成資料的排序，要如何解決呢？

### 觀念說明

在工作表中預設已有「排序」的功能，針對英文字母而言，可透過【遞增排序】由 A → Z 的順序來顯示資料，也可透過【遞減排序】由 Z → A 的順序來顯示資料。對於中文字而言，則可透過【遞增排序】由第一個字的筆畫，由少至多的順序來顯示資料，亦可透過【遞減排序】由第一個字的筆畫，由多至少的順序來顯示資料。

但是，有些資料卻無法依據英文字母的前後順序，或是中文字的筆畫多寡予以排列，如：季節、職務別、地理位置…。此時必須要透過其他 \\ 設定，方能進行資料的排序。

### 錦囊妙計

**設定自訂清單**

步驟01 點選「工具 (T)」功能表中的「選項 (O)」。

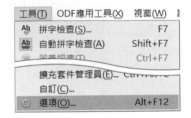

**步驟02** 選按「NDC ODF Application Tools Calc」中的「排序清單」→再按「新增 (N)」。

**步驟03** 輸入所需要的清單順序，如：基隆市、台北市、新北市、⋯等縣市→再按「新增 (A)」→確認內容已出現在清單選項中，再按「確定」。

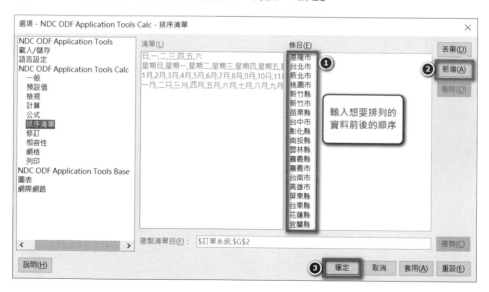

引用自訂清單

**STEP 01** 選取「欲排序的資料範圍」→再選按工具列上的「⬍」排序。

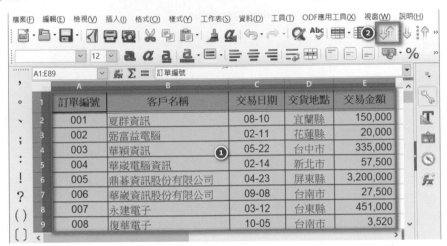

**STEP 02** 設定「排序資料」為「交貨地點」→設定資料的「排序方式」為「◉升序 (A)」。

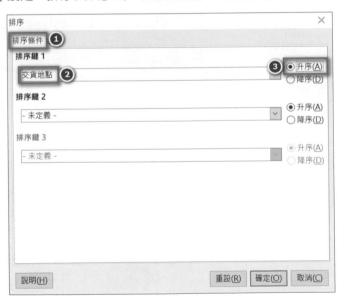

步驟03 選按「選項」標籤→勾選「☑ 自訂排序方式 (H)」→選擇「基隆市 , 台北市 , 新北市…」→再按「確定」。

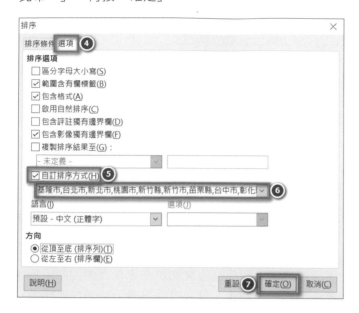

完成設定之後，回到編輯區中，資料即可按照使用者的需求完成排序。

| | A | B | C | D | E |
|---|---|---|---|---|---|
| 1 | 訂單編號 | 客戶名稱 | 交易日期 | 交貨地點 | 交易金額 |
| 2 | 076 | 畢強電機 | 12-02 | 基隆市 | 2,338,000 |
| 3 | 036 | 締厚科技管理公司 | 03-22 | 台北市 | 5,086,000 |
| 4 | 004 | 華崴電腦資訊 | 02-14 | 新北市 | 57,500 |
| 5 | 020 | 臺灣水泥 | 07-23 | 新北市 | 442,200 |
| 6 | 025 | 佳全貨運 | 02-15 | 新北市 | 198,000 |
| 7 | 026 | 梧桐樹木材行 | 10-10 | 新北市 | 62,240 |
| 8 | 034 | 鴻年企業集團 | 08-04 | 新北市 | 417,500 |
| 9 | 039 | 華穎資訊 | 02-06 | 新北市 | 1,954,000 |

# 065　如何複製「註解」至其他儲存格？

儲存格中的資料，如果需要備註說明，我們可以為其加入「評註」，但如果要將「評註」的內容複製給其他儲存格，該如何設定呢？

## 觀念說明

報表中由於數據資料龐大，如果有修改，時間久了可能會忘記當初修改的原因，為了避免產生這種困擾，一般在工作表中如果有修改，我們會建議做個「備忘說明」，一方面可以說明修改的原因，另一方面也可避免有竄改資料的疑慮。

報表中的「備忘說明」設定完成之後，預設是不會顯示在工作表中，必須透過設定才會顯示，但備忘說明如果在工作表中顯示，就會遮住報表上的資訊，因此一般我們都會讓它隱藏，當滑鼠移到儲存格上時才顯示。

## 錦囊妙計

### 新增評註

01 點選「欲新增評註的儲存格」→點按滑鼠右鍵顯示快顯功能表→點選「插入評註(M)」。

| | A | B | C | D | E | F | G |
|---|---|---|---|---|---|---|---|
| 1 | 員工編號 | 部門 | 姓名 | 品德言行 | 工作績效 | 專業知識 | 發展潛力 |
| 2 | C001 | 行政部 | 鄭妍希 | 86 | 90 | 72 | 95 |
| 3 | C002 | 行政部 | 梁① | 剪下(C)　Ctrl+X | | | 8 |
| 4 | C003 | 行政部 | 林宜蓁 | 複製(Y)　Ctrl+C | | | 7 |
| 5 | C004 | 行政部 | 郭洪愷 | 貼上(P)　Ctrl+V | | | 2 |
| 6 | C005 | 行政部 | 潘泓宇 | 選擇性貼上(S)　▶ | | | 3 |
| 7 | I001 | 資訊部 | 黃子桓 | 選擇清單(A)　Alt+Down | | | 7 |
| 8 | I002 | 資訊部 | 張琮佑 | 插入(I)...　Ctrl++ | | | 8 |
| 9 | I003 | 資訊部 | 劉峻廷 | 刪除(L)...　Ctrl+- | | | 0 |
| 10 | P001 | 研發部 | 林佩儀 | 清除內容(E)...　Backspace | | | 3 |
| 11 | P002 | 研發部 | 蔡睿軒 | 拓製格式設定(H) | | | 7 |
| 12 | P003 | 研發部 | 林倩辰 | 清除直接格式設定(D) Ctrl+M | | | 2 |
| 13 | P004 | 研發部 | 顏若涵 | 樣式(Y)　▶ | | | 4 |
| 14 | P005 | 研發部 | 王韋晴 | 插入評註(M) ② trl+Alt+C | | | 6 |
| 15 | P006 | 研發部 | 康庭甄 | 條件式格式設定(Q)... | | | 5 |
| | | | | 設定儲存格格式(F)...　Ctrl+1 | | | |

**02** 輸入所需要的備註內容，如：儲備幹部→點選編輯區中任一個儲存格，結束編輯。

| | A | B | C | D | E | F | G |
|---|---|---|---|---|---|---|---|
| 1 | 員工編號 | 部門 | 姓名 | 品德言行 | 工作 | 專業知識 | 發展潛力 |
| 2 | C001 | 行政部 | 鄭妍希 | 儲備幹部 | | 72 | 95 |
| 3 | C002 | 行政部 | 梁浚誼 | 95 | 72 | 93 | 78 |
| 4 | C003 | 行政部 | 林宜蓁 | 63 | 73 | 62 | 67 |

完成設定之後，回到編輯區，將滑鼠指標移至儲存格，即會出現備註說明。

| | A | B | C | D | E | F | G |
|---|---|---|---|---|---|---|---|
| 1 | 員工編號 | 部門 | 姓名 | 品德言行 | 工作 | 專業知識 | 發展潛力 |
| 2 | C001 | 行政部 | 鄭妍希 | 儲備幹部 | | 72 | 95 |
| 3 | C002 | 行政部 | 梁浚誼 | 95 | 72 | 93 | 78 |
| 4 | C003 | 行政部 | 林宜蓁 | 63 | 73 | 62 | 67 |
| 5 | C004 | 行政部 | 郭洪愷 | 88 | 65 | 86 | 62 |

## 修改評註

**01** 點選「欲修改評註的儲存格」→點按滑鼠右鍵顯示快顯功能表→點選「編輯評註(J)」。

| | A | B | C | D | E | F | G |
|---|---|---|---|---|---|---|---|
| 1 | 員工編號 | 部門 | 姓名 | 品德言行 | 工作績效 | 專業知識 | 發展潛力 |
| 2 | C001 | 行政部 | 鄭妍希 | 86 | 90 | 72 | 95 |
| 3 | C002 | 行政部 | 梁 | | | | 8 |
| 4 | C003 | 行政部 | 林宜蓁 | | | | 7 |
| 5 | C004 | 行政部 | 郭洪愷 | | | | 2 |
| 6 | C005 | 行政部 | 潘泓宇 | | | | 3 |
| 7 | I001 | 資訊部 | 黃子桓 | | | | 7 |
| 8 | I002 | 資訊部 | 張琮佑 | | | | 8 |
| 9 | I003 | 資訊部 | 劉峻廷 | | | | 0 |
| 10 | P001 | 研發部 | 林佩儀 | | | | 3 |
| 11 | P002 | 研發部 | 蔡睿軒 | | | | 7 |
| 12 | P003 | 研發部 | 林倩辰 | | | | 2 |
| 13 | P004 | 研發部 | 顏若涵 | | | | 4 |
| 14 | P005 | 研發部 | 王韋晴 | | | | 6 |
| 15 | P006 | 研發部 | 康庭甄 | | | | 5 |
| 16 | | | | | | | |
| 17 | | | | | | | |

快顯功能表：
- 剪下(C)　Ctrl+X
- 複製(Y)　Ctrl+C
- 貼上(P)　Ctrl+V
- 選擇性貼上(S)
- 選擇清單(A)　Alt+Down
- 插入(I)...　Ctrl++
- 刪除(L)...　Ctrl+-
- 清除內容(E)...　Backspace
- 拓製格式設定(H)
- 清除直接格式設定(D)　Ctrl+M
- 樣式(Y)
- 編輯評註(J)
- 刪除評註(K)
- 顯示評註(N)
- 條件式格式設定(Q)...
- 設定儲存格格式(F)...　Ctrl+1

**02** 輸入新的備註內容，如：南區分公司儲備幹部→點選編輯區中任一個儲存格，結束編輯。

| | A | B | C | D | E | F | G | H |
|---|---|---|---|---|---|---|---|---|
| 1 | 員工編號 | 部門 | 姓名 | 品德言行 | 工作績效 | 專業知識 | 發展潛力 | 責任感 |
| 2 | C001 | 行政部 | 鄭妍希 | 8 | 72 | | 95 | 84 |
| 3 | C002 | 行政部 | 梁浚誼 | 95 | 72 | 93 | 78 | 92 |
| 4 | C003 | 行政部 | 林宜蓁 | | | | 67 | 88 |
| 5 | C004 | 行政部 | 郭洪愷 | 88 | 65 | 86 | 62 | 84 |

完成設定之後，回到編輯區，將滑鼠指標移至儲存格，即會出現新的備註說明。

| | A | B | C | D | E | F | G | H |
|---|---|---|---|---|---|---|---|---|
| 1 | 員工編號 | 部門 | 姓名 | 品德言行 | 工作 | 專業知識 | 發展潛力 | 責任感 |
| 2 | C001 | 行政部 | 鄭妍希 | 8 | | 72 | 95 | 84 |
| 3 | C002 | 行政部 | 梁浚誼 | 95 | 72 | 93 | 78 | 92 |
| 4 | C003 | 行政部 | 林宜蓁 | 63 | 73 | 62 | 67 | 88 |
| 5 | C004 | 行政部 | 郭洪愷 | 88 | 65 | 86 | 62 | 84 |

## 複製評註

**01** 點選「欲複製評註的儲存格」→選按工具列上的「」，將內容複製。

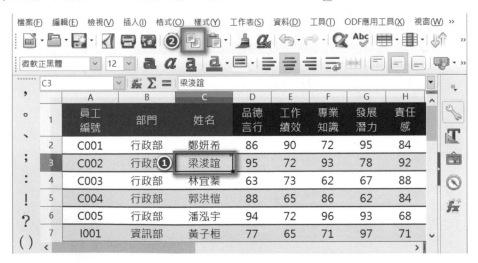

**02** 點選「目的地」儲存格→點按滑鼠右鍵顯示快顯功能表→點選【選擇性貼上 (S)】項下的「選擇性貼上 (S)...」。

| 行政部 | 郭洪愷 | 88 | 65 | 86 | 62 | 84 | 66 | 73 | 93 |
|---|---|---|---|---|---|---|---|---|---|

| | | | | | | | | |
|---|---|---|---|---|---|---|---|---|
| 行政部 | 潘 ❶ | ✂ 剪下(C) | Ctrl+X | 3 | 68 | 74 | 100 | 96 |
| 資訊部 | 黃子楦 | 🗐 複製(Y) | Ctrl+C | 7 | 71 | 78 | 91 | 85 |
| 資訊部 | 張琮佑 | 📋 貼上(P) | Ctrl+V | 8 | 98 | 100 | 81 | 84 |
| 資訊部 | 劉峻廷 | 選擇性貼上(S) ▶ | | 🔲 無格式設定的文字(U) Ctrl+Alt+Shift+V | | | | |
| 研發部 | 林佩儀 | 選擇清單(A) | Alt+Down | 🔲 文字(T) | | | | |
| 研發部 | 蔡睿軒 | 插入(I)... | Ctrl++ | 🔲 數字(N) | | | | |
| 研發部 | 林倩辰 | ✕ 刪除(L)... | Ctrl+- | 🔲 公式(F) | | | | |
| 研發部 | 顏若涵 | ⊘ 清除內容(E)... | Backspace | ❓ 選擇性貼上(S)... ❷ Ctrl+Shift+V | | | | |
| 研發部 | 王韋晴 | 拓製格式設定(H) | | 4 | 64 | 91 | 93 | 87 |
| 研發部 | 康庭甄 | 清除直接格式設定(D) Ctrl+M | | 6 | 84 | 77 | 66 | 83 |
| | | 樣式(Y) ▶ | | 5 | 71 | 75 | 61 | 71 |
| | | 插入評註(M) Ctrl+Alt+C | | | | | | |
| | | 條件式格式設定(Q)... | | | | | | |
| | | 設定儲存格格式(F)... Ctrl+1 | | | | | | |

**03** 勾選「☑ 評註 (C)」→點選「◉加 (A)」→再按「確定」。

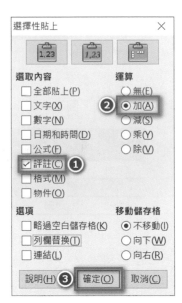

完成設定之後，回到編輯區，儲存格中即會出現一模一樣的備註說明。

| 員工編號 | 部門 | 姓名 | 品德言行 | 工作績效 | 專業知識 | 發展潛力 |
|---|---|---|---|---|---|---|
| C001 | 行政部 | 鄭妍希 | 86 | 90 | 72 | 95 |
| C002 | 行政部 | 梁浚誼 | 95 | 72 | 93 | 78 |
| C003 | 行政部 | 林宜蓁 | 6 | 8 | 62 | 67 |
| C004 | 行政部 | 郭洪愷 | 8 | | 86 | 62 |
| C005 | 行政部 | 潘泓宇 | 94 | 72 | 96 | 93 |
| I001 | 資訊部 | 黃子楦 | 77 | 65 | 71 | 97 |

南區分公司
儲備幹部

<u>刪除評註</u>

**01** 點選「欲刪除評註的儲存格」→點按滑鼠右鍵顯示快顯功能表→點選「刪除評註(K)」。

| 員工編號 | 部門 | 姓名 | 品德言行 | 工作績效 | 專業知識 | 發展潛力 | 責任感 |
|---|---|---|---|---|---|---|---|
| C001 | 行政部 | 鄭妍希 | 86 | 90 | 72 | 95 | 84 |
| C002 | 行政部 | 梁①誼 | 95 | 72 | 93 | 78 | 92 |
| C003 | 行政部 | 林宜蓁 | | | | 7 | 88 |
| C004 | 行政部 | 郭洪愷 | | | | 2 | 84 |
| C005 | 行政部 | 潘泓宇 | | | | 3 | 68 |
| I001 | 資訊部 | 黃子桓 | | | | 7 | 71 |
| I002 | 資訊部 | 張琮佑 | | | | 8 | 98 |
| I003 | 資訊部 | 劉峻廷 | | | | 0 | 98 |
| P001 | 研發部 | 林佩儀 | | | | 3 | 68 |
| P002 | 研發部 | 蔡睿軒 | | | | 7 | 82 |
| P003 | 研發部 | 林倩辰 | | | | 2 | 86 |
| P004 | 研發部 | 顏若涵 | | | | 4 | 64 |
| P005 | 研發部 | 王韋晴 | | | | 6 | 84 |
| P006 | 研發部 | 康庭甄 | | | | 5 | 71 |

快顯功能表：
- 剪下(C)　Ctrl+X
- 複製(Y)　Ctrl+C
- 貼上(P)　Ctrl+V
- 選擇性貼上(S) ▶
- 選擇清單(A)　Alt+Down
- 插入(J)...　Ctrl++
- 刪除(L)...　Ctrl+-
- 清除內容(E)...　Backspace
- 拓製格式設定(H)
- 清除直接格式設定(D)　Ctrl+M
- 樣式(Y) ▶
- 編輯評註(J)
- 刪除評註(K) ②
- 顯示評註(N)
- 條件式格式設定(Q)...
- 設定儲存格格式(F)...　Ctrl+1

完成設定之後，回到編輯區，備註說明即被刪除。

| 員工編號 | 部門 | 姓名 | 工作績效 | 專業知識 | 發展潛力 |
|---|---|---|---|---|---|
| C001 | 行政部 | 鄭妍希 | 86 | 90 | 72 | 95 |
| C002 | 行政部 | 梁浚誼 | 95 | 72 | 93 | 78 |
| C003 | 行政部 | 林宜蓁 | 63 | 73 | 62 | 67 |

> 原有評註，已被刪除。

---

💡 **小百科**

「評註」的內容，預設是不會列印的，如果要列印可點選「格式(O)」功能表中的「頁面」，再點選「工作表」標籤勾選「評註」，最後再按「確定」，即可將評註的內容列印在報表的最後一頁。

## 066 如何將已完成的資料進行欄列的對換？

製作完成直向式的表格內容，若要將欄與列的資料位置交換修改成橫向式表格，要如何快速製作呢？

### 觀念說明

一般使用者在製作報表時，習慣性採用「由上往下」閱讀的「直式表格」，但是如果報表的內容若以文字居多，有時反而採用「由左向右」閱讀的「橫向表格」較容易瀏覽。

要如何將直式表格變更為橫向表格呢？當然不用逐筆剪下、貼上，可以透過「選擇性貼上」的功能來完成。

### 錦囊妙計

**01** 選取「欲轉換的儲存格範圍」→選按工具列上的「🗐」，將內容複製。

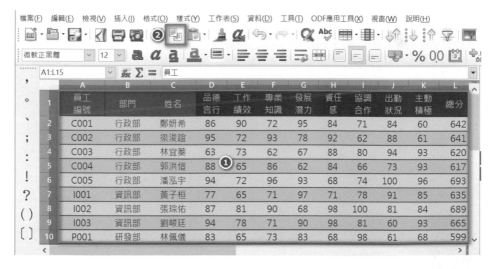

**02** 將「文字插入點」放置於資料欲出現處→點選「滑鼠右鍵」顯示快顯功能表中的【選擇性貼上 (S)】項下的「選擇性貼上 (S)...」。

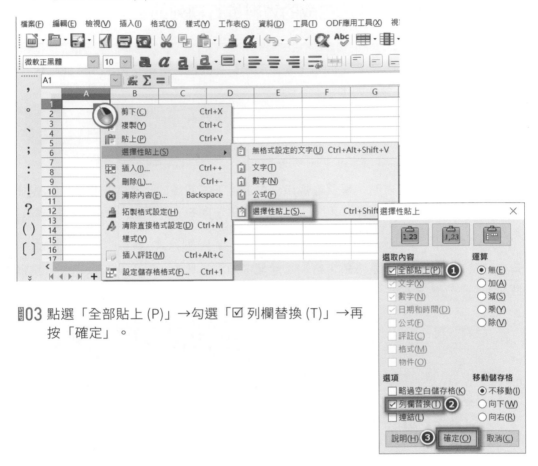

**03** 點選「全部貼上 (P)」→勾選「☑ 列欄替換 (T)」→再按「確定」。

完成設定之後，回到編輯區中，即可看到欄與列的資料位置交換，內容已修改成由左向右閱讀的橫向表格。

| | A | B | C | D | E | F | G | H | I |
|---|---|---|---|---|---|---|---|---|---|
| 1 | 員工編號 | C001 | C002 | C003 | C004 | C005 | I001 | I002 | I003 |
| 2 | 部門 | 行政部 | 行政部 | 行政部 | 行政部 | 行政部 | 資訊部 | 資訊部 | 資訊部 |
| 3 | 姓名 | 鄭妍希 | 梁浚誼 | 林宜蓁 | 郭洪愷 | 潘泓宇 | 黃子桓 | 張琮佑 | 劉峻廷 |
| 4 | 品德言行 | 86 | 95 | 63 | 88 | 94 | 77 | 87 | 94 |
| 5 | 工作績效 | 90 | 72 | 73 | 65 | 72 | 65 | 81 | 78 |
| 6 | 專業知識 | 72 | 93 | 62 | 86 | 96 | 71 | 90 | 71 |
| 7 | 發展潛力 | 95 | 78 | 67 | 62 | 93 | 97 | 68 | 90 |

## 067 報表中，如何顯示民國年的資料？

試算表中如果輸入日期資料，預設顯示的格式是西元的年月日，但有時並不符合報表的需求，若希望能顯示為民國紀年的年月日，該如何設定呢？

### 觀念說明

儲存格中的資料包含文字、數字及符號。因應不同報表的需要，我們可將資料內容予以格式化，使其顯示方式更符合報表的需求。

以日期格式為例，一般試算表中預設的日期格式是西元紀年，若是要顯示民國紀年或其他格式的紀年，絕不可直接輸入數字，系統會判斷成錯誤的西元年份，此時我們可以透過格式設定來變更，但要注意的是，它的本質仍然是西元年，只是在儲存格中呈現的方式不同。

### 錦囊妙計

步驟01 選取「日期」欄位

**02** 點選「格式 (O)」功能表中的「儲存格 (L)」。

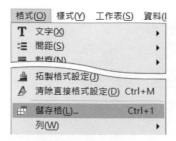

**03** 點選「數字」標籤→設定「類別 (A)」為「日期」→再選擇「格式 (R)」為「89/01/02」→再按「確定」。

完成設定之後，在日期欄位中輸入日期，就會從「西元紀年」改為顯示「民國紀年」。

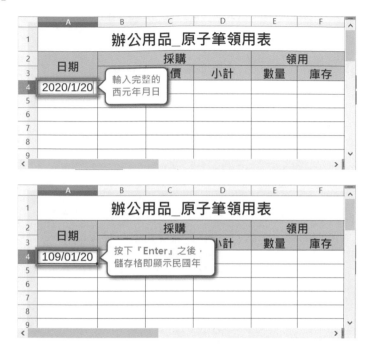

---

☼ **小百科**

在儲存格中輸入日期，如：7/17，系統預設會自動加入當年度的西元紀年，將其顯示為「2020/7/17」；若是輸入的日期並非當年度，一定要輸入完整的西元年月日，如：2019/7/17，儲存格預設是不接受輸入民國紀年。

# 068　報表中，如何顯示大寫的數字資料？

　　報表中的數據資料，透過統計、分析及彙整後呈現的結果，一般仍會以阿拉伯數字顯示，如：12345。如果希望最終的運算結果以「大寫」的方式呈現，如：壹萬貳仟參佰肆拾伍，該如何設定呢？

## 觀念說明

報表中的數值資料，一般都是以「阿拉伯數字」來顯示，但是當經過統計、分析及彙整之後，若還是以數字呈現，閱讀時就無法在第一時間瞭解運算的結果，也因此正式的報表在最終結果大多會以「大寫」或「國字」來呈現。

## 錦囊妙計

**01** 選取「欲修改數字的範圍」。

| | A | B | 數量 | 單價 | 小計 |
|---|---|---|---|---|---|
| 1 | 活動經費概算表 | | | | |
| 2 | 項次 | 品名 | 數量 | 單價 | 小計 |
| 3 | 1 | 會議室 | 5 | 10,000 | 50,000 |
| 4 | 2 | 活動手冊 | 200 | 50 | 10,000 |
| 5 | 3 | 餐費 | 400 | 85 | 34,000 |
| 6 | 合計 | | 94000 | | |
| 7 | | | | | |

**02** 點選「格式 (O)」功能表中的「儲存格 (L)」。

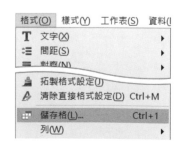

**03** 點選「數字」標籤→在「格式碼 (F)」輸入【[NatNum5] General "元整"】→再
按「確定」。

完成設定之後，回到編輯區，數字就會變成大寫了！

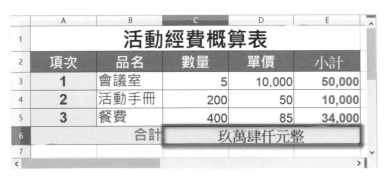

## 小百科

NatNum 是設定數字格式語法，不分大小寫，後方可輸入 1-9 的數字，相關變化如下：

| 語法 | 格式 | 說明 |
|---|---|---|
| NatNum1 | 一二三四五 | 大寫字 |
| NatNum2 | 壹貳參肆伍 | 中文字 |
| NatNum3 | １２３４５ | 全形數字 |
| NatNum4 | 一萬二千三百四十五 | 大寫 + 單位 |
| NatNum5 | 壹萬貳仟參佰肆拾伍 | 中文 + 單位 |
| NatNum6 | １萬２千３百４十５ | 全形數字 + 單位 |
| NatNum7 | 萬二千三百四十五 | 大寫字，遇到 1 開頭數值，省略 |
| NatNum8 | 萬貳仟參佰肆拾伍 | 中文字，遇到 1 開頭數值，省略 |
| NatNum9 | 12345 | 半形數字 |

## 069　報表中，出現「'」如何取消？

系統匯出的報表從試算表軟體中開啟，有時會出現無法計算、分析的情形，仔細查看後會發現原始資料中含有「'」的標記，該如何解決呢？

### 觀念說明

從系統或資料庫中匯出的資料，為了能保持欄位原型或資料的一致性，有時遇到數值資料會在前方加註「'」標記。

「'」標記主要的作用是將數值資料轉換成文字資料，使其能和系統中的資料保持一致性，尤其是遇到以「0」作為開頭的數值資料，如：銀行帳號、手機號碼等，但是明明是數值資料卻以文字型態來表示，就無法進行運算。

報表中出現的「'」標記無法透過「尋找取代」的方式將其刪除，大部分的使用者會從「輸入行」中一一將其刪除，但這種方式費時、費工又容易出錯，此時可以透過「文字轉換為欄」的功能來協助。

### 錦囊妙計

01 選取「欲刪除的儲存格範圍」，注意：不要選標題。

| 員工編號 | 部門 | 姓名 | 品德言行 | 工作績效 | 專業知識 | 發展潛力 |
|---|---|---|---|---|---|---|
| C001 | 行政部 | 鄭妍希 | 46 | 86 | 67 | 72 |
| C002 | 行政部 | 梁浚誼 | 42 | 67 | 91 | 55 |
| C004 | 行政部 | 林宜蓁 | 43 | 30 | 42 | 23 |
| C005 | 行政部 | 郭洪愷 | 44 | 37 | 43 | 68 |
| C006 | 行政部 | 潘泓宇 | 45 | 66 | 90 | 59 |
| I001 | 資訊部 | 黃子桓 | 46 | 47 | 88 | 80 |
| I002 | 資訊部 | 張琮佑 | 47 | 30 | 96 | 81 |

考核統計表

**02** 點選「資料 (D)」功能表中的「文字轉換為欄 (X)」。

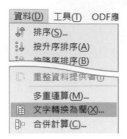

**03** 選按「⦿分隔記號 (S)」→勾選「☑ 其他 (R)」，並輸入「'」→再按「確定」。

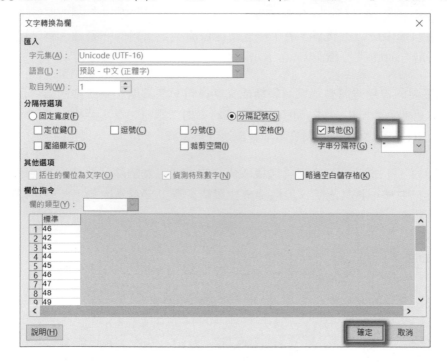

完成設定之後，回到編輯區，儲存格中的「'」標記即會被刪除，表格中的數字就可以計算了！

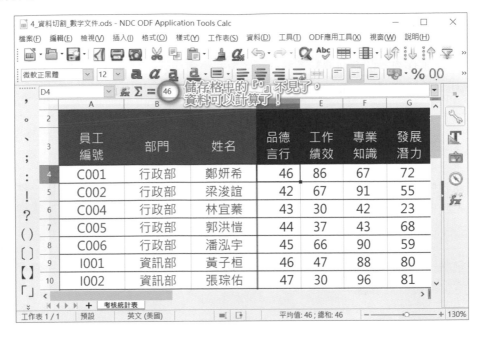

☞ 小百科

「文字轉換為欄」的功能，一次只能轉換一個欄位，如果選取二個欄位就會無法使用。

若要轉換的欄位較多，只要將欄位一一重複一樣的步驟，即可完成。

# 070　報表中，如何快速查詢資料？

　　當工作表中的資料過於冗長，要從中搜尋資料就不是件容易的事，如果希望可以快速的找出所需要的數據內容或資料位置，該如何設定呢？

## 觀念說明

當工作表中的資料過於龐大，使用者要從中搜尋所需要的資訊時，就不是一件容易的事，我們可以製作一張簡易的表格，再透過查詢函數，即可迅速找出所需要的資料。

查詢函數，一般常見有「VLOOKUP」及「HLOOKUP」，工作表中的第一個欄位即可做為查詢資料的依據：

VLOOKUP：用於資料表是由上往下閱讀的工作表。

HLOOKUP：用於資料表是由左向右閱讀的工作表。

## 錦囊妙計

01 將「文字插入點」放置於「B3」儲存格→點選資料編輯列中的「 $f_x$ 」函式精靈。

**步驟02** 點選「VLOOKUP」函式→再點選「下一步 (N)」。

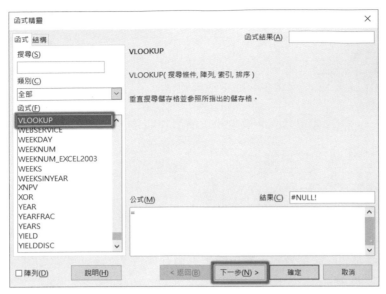

**步驟03** 在「搜尋條件」處，設定「$A$3」儲存格→在「陣列」處，設定來源範圍為「產品一覽表 .$A$1:$E$64」→在「索引」處，設定為第「2」欄位→在「排序」處，設定「0」→再按「確定」。

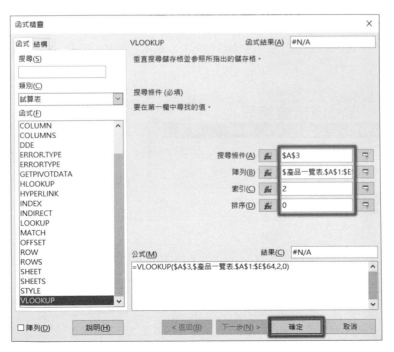

**04** 在 C3 儲存格，依 03 設定公式，欄位修正為第 3 欄位。

**05** 在 D3 儲存格，依 03 設定公式，欄位修正為第 4 欄位。

**06** 在 E3 儲存格，依 03 設定公式，欄位修正為第 5 欄位。

完成設定之後，B3 ～ E3 儲存格即顯示「#N/A」的訊息，這表示目前沒有給予查詢的條件。當使用者在 A2 的儲存格給予查詢的條件，如：T-013，表格中即會出現相關資訊。

| 　 | A | B | C | D | E |
|---|---|---|---|---|---|
| 1 | 產品價格查詢表 | | | | |
| 2 | 產品編號 | 分類 | 品名 | 成本 | 售價 |
| 3 | T-013 | 茶葉類 | 茉莉花茶 | 30 | 45 |
| 4 | | | | | |
| 5 | 輸入要查詢的產品編號 | | | | |
| 6 | 相關的資訊會自動顯示 | | | | |

價格查詢表　產品一覽表

## 小百科

公式中，出現「$」表示欄或列固定不會變更的意思，如：$A3 即表示將欄位 A 固定，列則沒有固定。

如果不希望儲存格中出現「#N/A」的符號，可透過「IF」函數來修正 B3~E3 的公式：

B3＝IF($A$3＝" "," ",VLOOKUP($A$3, 產品一覽表 .$A$1:$E$64,2,0))

C3＝IF($A$3＝" "," ",VLOOKUP($A$3, 產品一覽表 .$A$1:$E$64,3,0))

D3＝IF($A$3＝" "," ",VLOOKUP($A$3, 產品一覽表 .$A$1:$E$64,4,0))

E3＝IF($A$3＝" "," ",VLOOKUP($A$3, 產品一覽表 .$A$1:$E$64,5,0))

VLOOKUP 函數引數說明：

搜尋條件：來源資料的第一個欄位即是搜尋的條件，一般也指輸入查詢資料的儲存格。

陣列：來源資料的範圍，一般是固定不會變動，因此會以「$」鎖定。

索引：指要顯示的資料在來源範圍的位置，如：第二欄位，就輸入「2」。

排序：指搜尋的資料類型，如果是文字資料即輸入「0」或「FALSE」，如果是數字區間即輸入「1」或「TRUE」。

# 071　報表中，如何將資料做排序？

當工作表中有大量的數據資料，我們要如何計算出他們之間的前後順序（排名）呢？

## 觀念說明

在報表中如若要將資料予以排出前後順序，一般最常見的方式是採用「排序」功能，但是原始工作表的資料就會變動，如此一來，很容易造成其他跨表格計算的報表產生錯誤的結果。

如果要將報表中的資料予以排序、又不希望影響原始資料，建議採用「RANK」函數來輔助，如此一來便可確保來源資料不會被變更，且跨表格計算的報表也不易產生錯誤。

## 錦囊妙計

**01** 將「文字插入點」放置於「M4」儲存格→點選資料編輯列中的「 $f_x$ 」函式精靈。

| 員工編號 | 部門 | 姓名 | 品德言行 | 工作績效 | 專業知識 | 發展潛力 | 責任感 | 協調合作 | 出勤狀況 | 主動積極 | 總分 | 總排名 |
|---|---|---|---|---|---|---|---|---|---|---|---|---|
| C001 | 行政部 | 鄭妍希 | 86 | 90 | 72 | 95 | 84 | 71 | 84 | 60 | 6 | |
| C002 | 行政部 | 梁浚誼 | 95 | 72 | 93 | 78 | 92 | 62 | 88 | 61 | 641 | |
| C004 | 行政部 | 林宜蓁 | 63 | 73 | 62 | 67 | 88 | 80 | 94 | 93 | 620 | |
| C005 | 行政部 | 郭洪愷 | 88 | 65 | 86 | 62 | 84 | 66 | 73 | 93 | 617 | |
| C006 | 行政部 | 潘泓宇 | 94 | 72 | 96 | 93 | 68 | 74 | 100 | 96 | 693 | |

人評會考核成績統計表

STEP 02 點選「RANK」函式→再點選「下一步 (N)」。

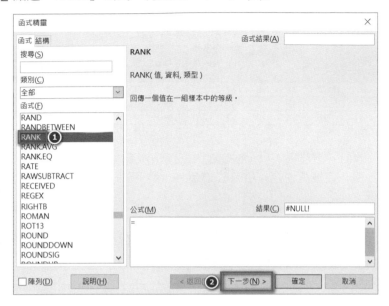

STEP 03 在「值」處，設定「L4」儲存格→在「資料」處，設定比對順序的來源範圍為「$L$4:$L$27」→在「類型」處，設定為降序排列「0」→再按「確定」。

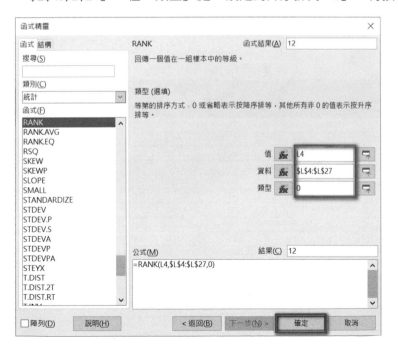

完成設定之後，M4 儲存格即顯示第一筆資料的排序，如：「12」。

| | A | B | C | D | E | F | G | H | I | J | K | L | M |
|---|---|---|---|---|---|---|---|---|---|---|---|---|---|
| 1 | | | | | | 人評會考核成績統計表 | | | | | | | |
| 2 | | | | | | | | 考核項目 | | | | | |
| 3 | 員工編號 | 部門 | 姓名 | 品德言行 | 工作績效 | 專業知識 | 發展潛力 | 責任感 | 協調合作 | 出勤狀況 | 主動積極 | 總分 | 總排名 |
| 4 | C001 | 行政部 | 鄭妍希 | 86 | 90 | 72 | 95 | 84 | 71 | 84 | 60 | 642 | 12 |
| 5 | C002 | 行政部 | 梁浚誼 | 95 | 72 | 93 | 78 | 92 | 62 | 88 | 61 | 641 | |
| 6 | C004 | 行政部 | 林宜蓁 | 63 | 73 | 62 | 67 | 88 | 80 | 94 | 93 | 620 | |

**步驟04** 滑鼠指標放在「M4」儲存格的「填滿控點」→快點滑鼠左鍵二下或按著滑鼠左鍵不放，向下拖曳，完成其他儲存格公式複製。

| | A | B | C | D | E | F | G | H | I | J | K | L | M |
|---|---|---|---|---|---|---|---|---|---|---|---|---|---|
| 1 | | | | | | 人評會考核成績統計表 | | | | | | | |
| 2 | | | | | | | | 考核項目 | | | | | |
| 3 | 員工編號 | 部門 | 姓名 | 品德言行 | 工作績效 | 專業知識 | 發展潛力 | 責任感 | 協調合作 | 出勤狀況 | 主動積極 | 總分 | 總排名 |
| 4 | C001 | 行政部 | 鄭妍希 | 86 | 90 | 72 | 95 | 84 | 71 | 84 | 60 | 642 | 12 |
| 5 | C002 | 行政部 | 梁浚誼 | 95 | 72 | 93 | 78 | 92 | 62 | 88 | 61 | 641 | |
| 6 | C004 | 行政部 | 林宜蓁 | 63 | 73 | 62 | 67 | 88 | 80 | 94 | 93 | 620 | |
| 7 | C005 | 行政部 | 郭洪愷 | 88 | 65 | 86 | 62 | 84 | 66 | 73 | 93 | 617 | |

完成設定之後，表格中所有人的資料即排序完成。如果有相同的分數，則會出現相同的排名。

| | A | B | C | D | E | F | G | H | I | J | K | L | M |
|---|---|---|---|---|---|---|---|---|---|---|---|---|---|
| 1 | | | | | | 人評會考核成績統計表 | | | | | | | |
| 2 | | | | | | | | 考核項目 | | | | | |
| 3 | 員工編號 | 部門 | 姓名 | 品德言行 | 工作績效 | 專業知識 | 發展潛力 | 責任感 | 協調合作 | 出勤狀況 | 主動積極 | 總分 | 總排名 |
| 4 | C001 | 行政部 | 鄭妍希 | 86 | 90 | 72 | 95 | 84 | 71 | 84 | 60 | 642 | 12 |
| 5 | C002 | 行政部 | 梁浚誼 | 95 | 72 | 93 | 78 | 92 | 62 | 88 | 61 | 641 | 14 |
| 6 | C004 | 行政部 | 林宜蓁 | 63 | 73 | 62 | 67 | 88 | 80 | 94 | 93 | 620 | 18 |
| 7 | C005 | 行政部 | 郭洪愷 | 88 | 65 | 86 | 62 | 84 | 66 | 73 | 93 | 617 | 19 |
| 8 | C006 | 行政部 | 潘泓宇 | 94 | 72 | 96 | 93 | 68 | 74 | 100 | 96 | 693 | 1 |
| 9 | I001 | 資訊部 | 黃子桓 | 77 | 65 | 71 | 97 | 71 | 78 | 91 | 85 | 635 | 17 |
| 10 | I002 | 資訊部 | 張琮佑 | 87 | 81 | 90 | 68 | 98 | 100 | 81 | 84 | 689 | 3 |
| 11 | I003 | 資訊部 | 劉峻廷 | 94 | 78 | 71 | 90 | 98 | 81 | 60 | 93 | 665 | 6 |
| 12 | P001 | 研發部 | 林佩儀 | 83 | 65 | 73 | 83 | 68 | 98 | 61 | 68 | 599 | 22 |
| 13 | P002 | 研發部 | 蔡睿軒 | 64 | 60 | 75 | 87 | 82 | 77 | 70 | 68 | 583 | 24 |
| 14 | P004 | 研發部 | 林倩辰 | 81 | 95 | 63 | 62 | 86 | 98 | 72 | 84 | 641 | 14 |
| 15 | P005 | 研發部 | 顏若涵 | 72 | 82 | 69 | 94 | 64 | 91 | 93 | 87 | 652 | 9 |
| 16 | P006 | 研發部 | 王韋晴 | 87 | 79 | 70 | 96 | 84 | 77 | 66 | 83 | 642 | 12 |

小百科

RANK 函式引數說明：

- 值：要排序的資料位置。

- 資料：要比較前後順序的資料範圍，一般而言範圍不會變動，所以會以「$」將其鎖定。

- 類型：排序的方式，第一名如果是最大值就設定「0」，第一名如果是最小值就設定其他數字。

# 072　報表中，如何計算符合條件的值？

當工作表中有大量的數據資料，我們要如何統計出符合使用者需求的數據
結果呢？

## 觀念說明

當報表中有龐大的資料，如果要進行統計，一般可以採用「樞紐分析表」來完成內
容，雖然使用樞紐分析表進行資料的統計、分析是很快速，但它的表格結構是受到
限制的，報表完成之後將無法再進行其他的編輯，因此若要有更靈活彈性的報表內
容，可依據需求採用「有條件」的運算函式，如：SUMIF、COUNTIF…等來協助完
成。

## 錦囊妙計

01 將「文字插入點」放置於「B3」儲存格→點選資料編輯列中的「<i>fx</i>」函式精靈。

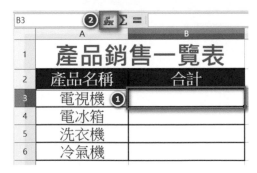

STEP 02 點選「SUMIF」函式→再點選「下一步 (N)」。

STEP 03 在「範圍」處，設定要統計的資料欄位為「$ 交易明細表 .$C$3:$C$188」→在「條件」處，設定要統計的條件資料為產品名稱「A3」儲存格→在「總和範圍」處，設定「欲加總的欄位」為數量「$ 交易明細表 .$E$3:$E$188」→再按「確定」。

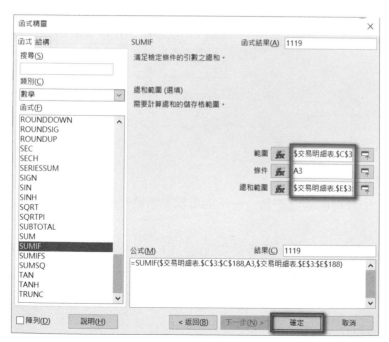

完成設定之後，B3 儲存格即顯示第一筆資料的合計結果。

**04** 滑鼠指標放在「B3」儲存格的「填滿控點」→快點滑鼠左鍵二下或按著滑鼠左鍵不放，向下拖曳，完成其他儲存格公式複製。

完成設定之後，表格中所有的產品資料即分門別類統計完成。

---

☀ **小百科**

SUMIF 函式引數說明：

- 範圍：要統計的條件的來源範圍，一般而言範圍不會變動，所以會以「$」將其鎖定。

- 條件：要統計的條件，可直接輸入文字資料，如：="電視機"，也可以是儲存格的位置。

- 總和範圍：要加總的數值的來源範圍，一般而言範圍不會變動，所以會以「$」將其鎖定。

# 073 報表中，如何快速標記重複的資料？

　　工作上，我們常常需要比對資料，如果要標記出工作表中重複出現的資料，該如何設定呢？

## 觀念說明

當工作表中的資料，需要比對欄位內容，或比對不同工作表的資料是否有重複，有的使用者可能會將工作表列印成紙本，再將重複的資料一一作記號，這種方式費時又費力；有的使用者則可能採用許多函數相互應用，進而抓出重複的資料清單，這種方式則需要有高竿的函數能力才能完成。

其實，若只是要在工作表中快速的找出重複的資料，有快速簡單的作法，我們可透過「條件式」的功能，快速將重複的資料予以標記出來。

## 錦囊妙計

### 單一欄位，標記重複值

**01** 點選側邊欄「 🆃 （樣式）」功能→在空白處選按滑鼠左鍵顯示快顯功能表→點選「新增 (A)」。

STEP 02 點選「統籌概覽」標籤→設定樣式「名稱 (N)」為「重複的值」。

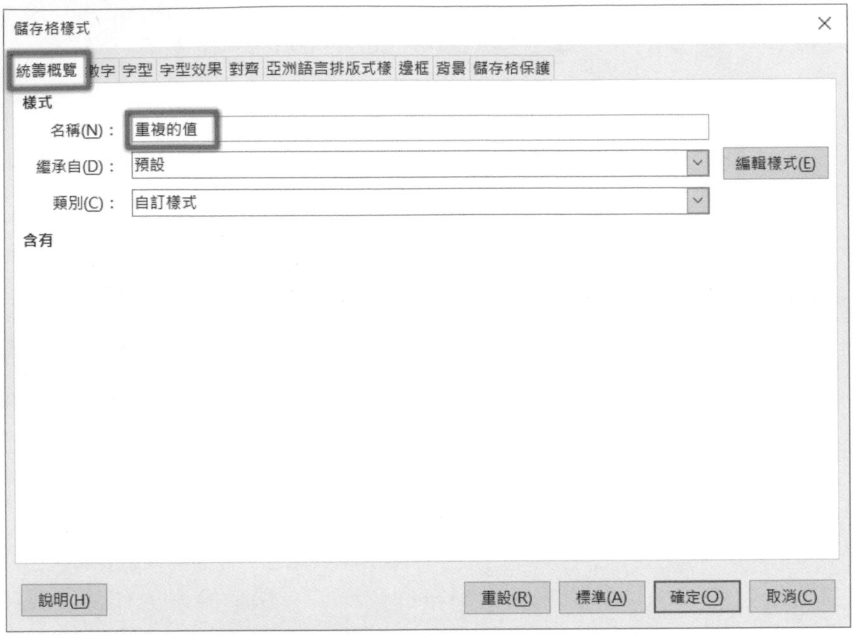


STEP 03 點選「背景」標籤→設定色彩，如：黃色→再按「確定」。

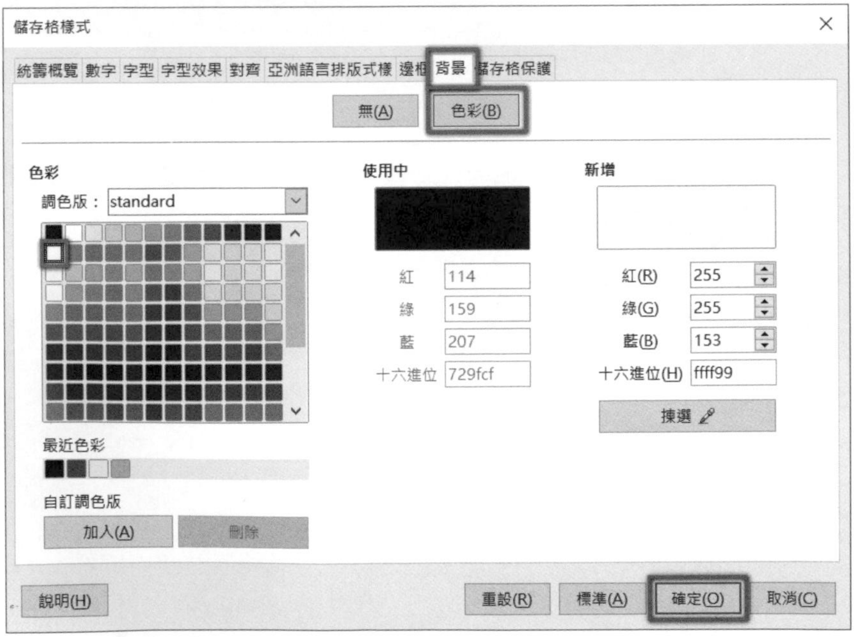

**04** 選取「欲找尋重複資料的欄位範圍」。

**05** 點選「格式 (O)」功能表中的「條件式 (O)」項下的「條件 (A)」。

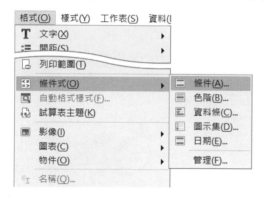

**06** 設定「儲存格值」為「重複」→再設定套用樣式為「重複的值」→再按「確定」。

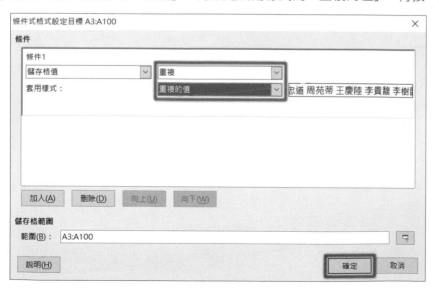

完成設定之後，範圍中重複的資料就會標記為黃色的背景。

**不同欄位，標記重複值**

**01** 點選側邊欄「(樣式)」功能→在空白處選按滑鼠左鍵顯示快顯功能表→點選「新增」。

**02** 點選「統籌概覽」標籤→設定樣式「名稱 (N)」為「重複的值」。

STEP 03 點選「背景」標籤→設定色彩，如：黃色→再按「確定」。

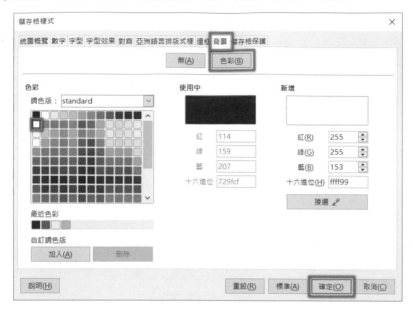

STEP 04 選取「第一個欲找尋重複資料的欄位範圍」。

STEP 05 點選「格式 (O)」功能表中的「條件式 (O)」項下的「條件 (A)」。

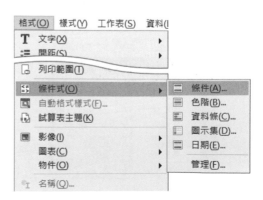

**06** 設定「儲存格值」為「重複」→再設定套用樣式為「重複的值」→再按「確定」。

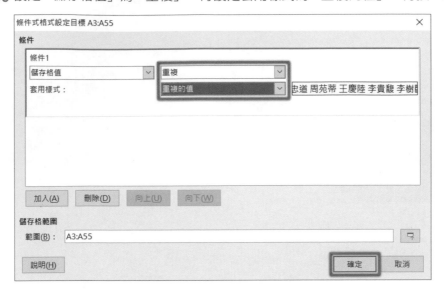

**07** 將第一個欄位範圍中，標記背景為黃色的重複資料刪除。

**08** 選取「第二個欲找尋重複資料的欄位範圍」→再重複「05～07」。

09 選取「第一個和第二個欄位範圍」→再重複「05」及「06」。

完成設定之後，兩個欄位中重複的資料就會標記為黃色的背景。

## 074　如何快速統計或刪除重複的資料？

工作上，我們常常需要比對資料，如果要統計重複的資料出現的次數，或是刪除資料中重複的值，該如何設定呢？

### 觀念說明

當工作表中的資料重複出現時，我們會希望把重複的資料予以刪除，俾利後續工作表內容的統計、分析或運算。但資料量過於龐大時，就不能使用條件式來完成。

其實，要在工作表中快速的刪除或統計重複的資料，也有快速簡單的作法，我們可透過「樞紐分析表」的功能，快速將重複的資料予以刪除或統計列表。

### 錦囊妙計

#### 刪除重複資料

**步驟01** 選取「欲找尋重複資料的欄位範圍」。

**步驟02** 點選「插入 (I)」功能表中的「樞紐分析表 (V)」。

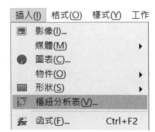

**步03** 點選「目前的選取 (C)」→再按「確定」。

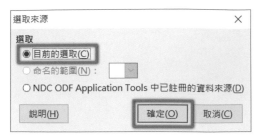

**步04** 將「欲刪除重複資料的欄位」，如：姓名，拖曳至「列的欄位 (C)」→再按「確定」。

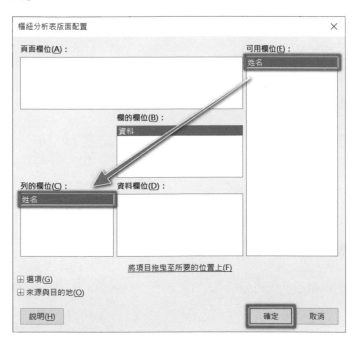

完成設定之後，回到編輯區，樞紐分析表中會將重複的資料予以刪除，僅列出未重複的資料。

**統計資料重複次數**

01 選取「欲找尋重複資料的欄位範圍」。

02 點選「插入 (I)」功能表中的「樞紐分析表 (V)」。

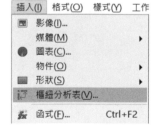

03 點選「目前的選取 (C)」→再按「確定」。

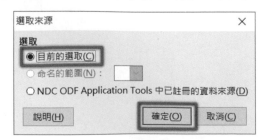

STEP 04 將「欲統計資料的欄位」拖曳至「列的欄位 (C)」→再將「欲統計資料的欄位」拖曳至「資料欄位 (D)」。

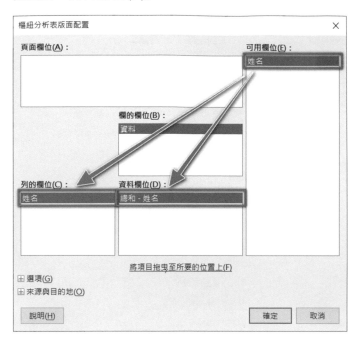

STEP 05 在「資料欄位 (D)」中快點滑鼠左鍵二下。

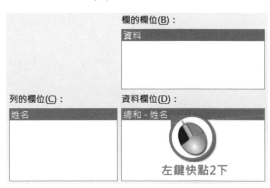

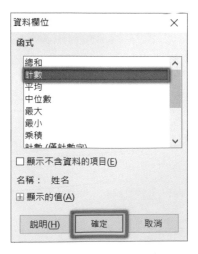

STEP 06 點選「函式」為「計數」→再按「確定」。

07 按「確定」。

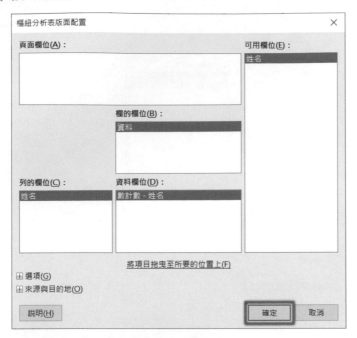

完成設定之後，回到編輯區，樞紐分析表中會將每筆資料出現的次數予以統計列表。

# 075 如何繪製圖表？

報表中一般大多是數據資料，即使已經過整合、彙算或分析，但在閱讀時仍無法於第一時間內快速看出每個項目之間的差異，若製作成圖表就可以比較容易看出想傳達的意義，該如何設定呢？

## 觀念說明

報表中提供的資訊大多是數據型態，但過多的數字並無法讓使用者在第一時間辨別之間的差異，也無法立即獲取相關的資訊。

有道是一圖勝千文，將報表中的數據予以圖形化，可讓讀者在第一時間瞭解數據間的變化與差異，也能立即得知所需的資訊。

圖表常見的是直條圖、橫條圖、折線圖及圓餅圖，無論是哪一種圖表，製作的方式皆相同，值得注意的是圖表有自己的編輯區與功能表，當使用者在編輯報表區塊時，圖表的區塊就會無法修改；而編輯圖表區塊時，報表中的數據等資料同樣也會無法修改。

錦囊妙計

**01** 選取「欲製作圖表的數據範圍」→點選工具列上「 ● 」圖示。

**02** 點選「圖表類型」，如：直欄→再按「下一步 (N)」。

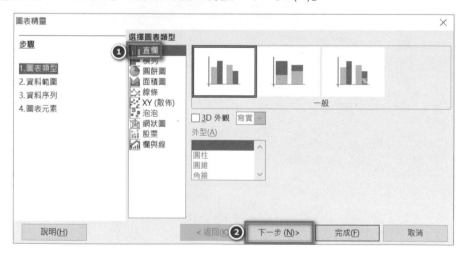

步驟03 確認「資料範圍」→點選「◉以列表示的資料序列 (R)」→勾選「☑ 第一列作為標籤 (F)」及「☑ 第一欄作為標籤 (I)」→再按「下一步 (N)」。

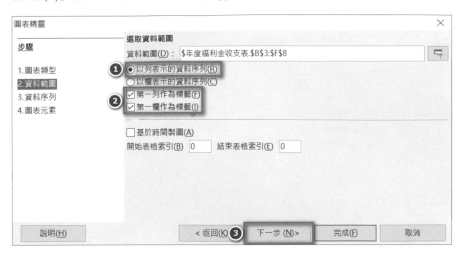

步驟04 調整「資料序列 (S)」內容或順序，如：點選「福利金」，按「移除 (R)」→再按「下一步 (N)」。

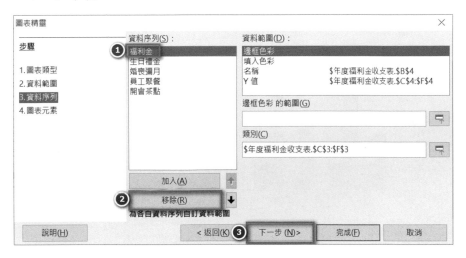

**05** 輸入「題名 (T)」，如：福利金支出統計圖→輸入「X 軸」標題，如：季別→輸入「Y 軸」標題，如：金額→設定圖例位置，如：「◉右 (R)」→再按「完成 (F)」。

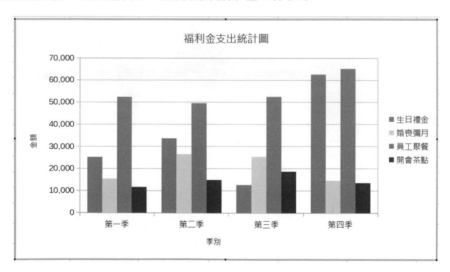

完成設定之後，回到編輯區，直條圖即顯示在工作表中。

# 076　如何顯示圖表的數值內容？

在報表中製作圖表後，會發現圖表中並沒有顯示資料表中的數據，如此一來瀏覽圖表內容時，無法立即得知所表示的數值資訊，該如何解決呢？

## 觀念說明

報表中的資料以數據來呈現時，內容是非常精確的，但是製作成圖表之後卻是以「區間」來顯示內容，如此一來當使用者在閱讀時，便無法在第一時間內掌握資料列中確切的數值。

若要在圖表中顯示來源資料表的數值資訊，我們可以透過圖表的「資料標籤」功能，將數字標記在每個資料列上，如此在閱讀時便能快速掌握精確的數據。

## 錦囊妙計

圖01 在「圖表編輯區」中，點選「插入 (I)」功能表中的「資料標籤 (D)」。

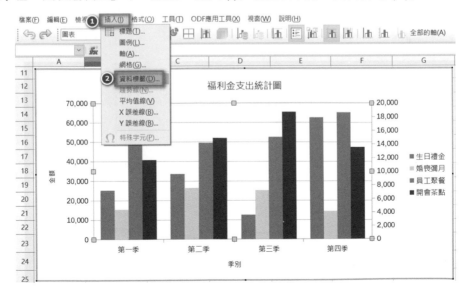

**02** 勾選「值顯示為數字 (N)」→點選「數字格式 (F)」。

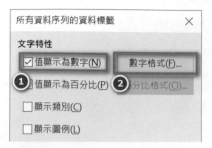

**03** 設定數字的格式為「☑ 千位分隔符 (T)」→再按「確定」。

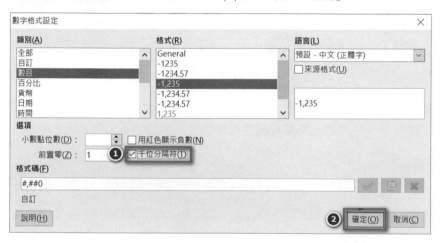

**STEP 04** 設定標籤的位置「取代 (P)」為「上」→設定「旋轉文字」為「45 度」→再按「確定」。

完成設定之後，回到圖表編輯區塊，每一個資料序列即會顯示確切代表的數據。

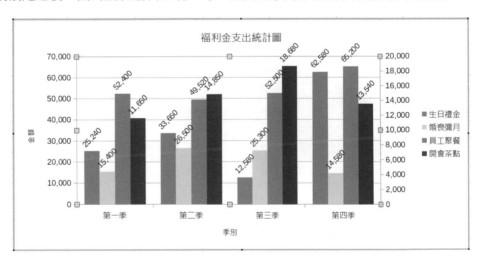

# 077　如何將圓餅圖旋轉至所需角度？

報表中製作了圓餅圖之後，想要強調的項目可能會在不顯著的位置，如果希望能將它旋轉至明顯的位置俾利閱讀或解說，該如何設定呢？

## 觀念說明

報表中的數據如果做成圓餅圖，預設會從最左方的資料開始顯示，但有時我們想要在圖表中強調某一項目，如果它的位置並不是很顯眼，就失去了做成圖表的意義。

不過別擔心，圓餅圖中的每一個區塊不僅可以設定顏色，還可以分散及調整角度，只要將它旋轉至合適的位置，就能讓圖表的內容更清楚的表達。

## 錦囊妙計

圖01 點選「圓餅圖的資料數列」。

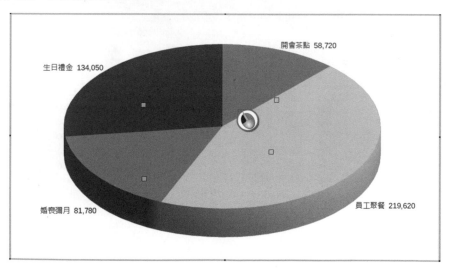

步驟02 再點選「欲調整的資料數列」→將它向外拖曳。

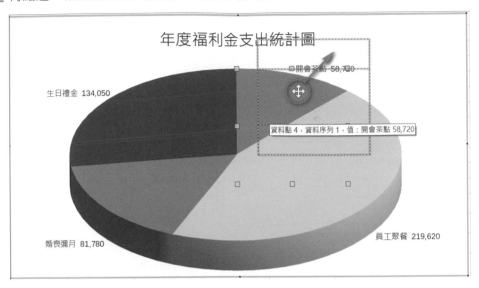

步驟03 在「圓餅圖」上選按滑鼠右鍵顯示功能表→點選「設定資料序列格式 (H)」。

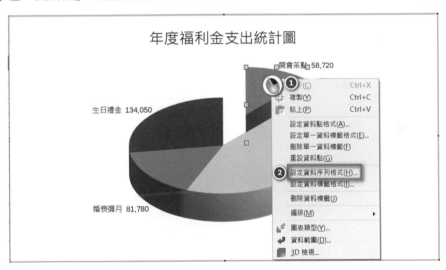

**STEP04** 點選「選項」標籤→旋轉「起始角度」至所需的位置→再按「確定」。

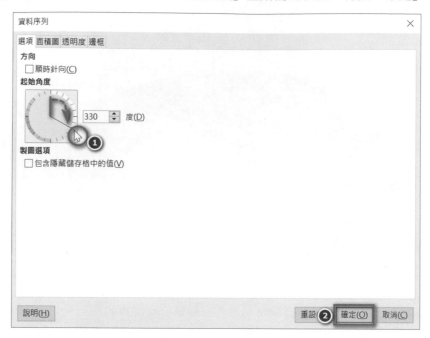

完成設定之後，編輯區的圓餅圖，想要強調的區塊即可分開並旋轉至較易閱讀的位置。

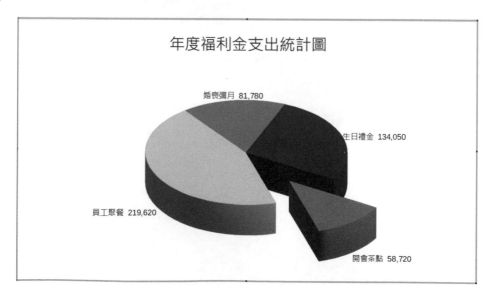

## 078 如何顯示數值落差太大的圖表內容？

　　在報表中將數據製作成圖表時，有時會因為數值的落差過大，導致於圖表無法顯示出較小的數值資訊，如此一來閱讀時容易被忽略或誤解，如果希望能在圖表中分別表達數值，該如何設定？

### 觀念說明

報表中的數據千變萬化，不可能始終如一，也不可能總在相似的區間中打轉，有時數據之間差異太大，製作成圖表時為了能完整表達，預設會以較大的數值為顯示的依據，但如此一來就會造成數值較小的資訊容易被忽視。

為了能讓每個數據能如實在圖表中呈現，遇到差異太大的資料，很多時候使用者會將它們製作成二個圖表，如：直條圖＋折線圖；但原本可以用來比較或顯示相關資訊的圖表，變成二個不一樣的圖表之後，就無法在第一時間內找到關聯性。

因此我們建議可以在圖表中顯示二組不同的數據，而非二組不同的圖形，如此一來數值較小的資訊不會被忽略，數值較大的資訊也能完整顯示。

錦囊妙計

## 製作圖表

**01** 選取「欲製作圖表的數據範圍」→點選工具列上「　」圖示。

**02** 點選「圖表類型」，如：直欄→再按「下一步 (N)」。

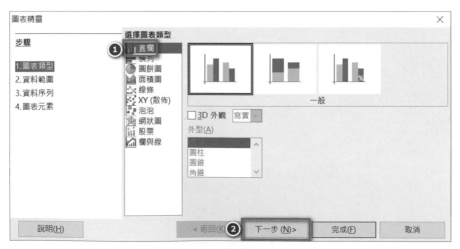

步驟03 確認「資料範圍」→點選「◉以列表示的資料序列 (R)」→勾選「☑ 第一列作為標籤 (F)」及「☑ 第一欄作為標籤 (I)」→再按「下一步 (N)」。

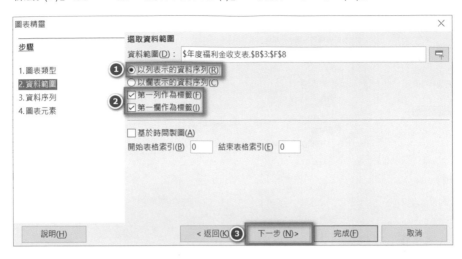

步驟04 調整「資料序列 (S)」內容或順序，如：點選「福利金」，按「移除 (R)」→再按「下一步 (N)」。

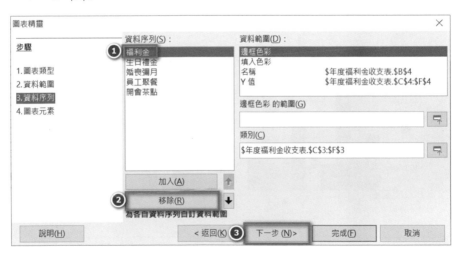

**05** 輸入「題名 (T)」，如：福利金支出統計圖→輸入「X 軸」標題，如：季別→輸入「Y 軸」標題，如：金額→設定「圖例位置」，如：◉右 (R) →再按「完成 (F)」。

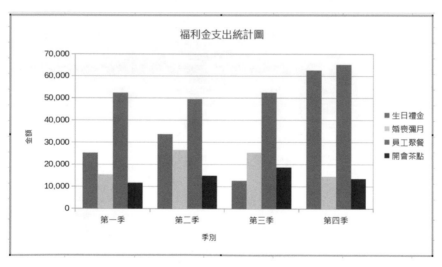

**06** 完成設定之後，回到編輯區，直條圖即顯示在工作表中。

修改圖表

步驟01 點選「欲標記的資料序列」，如：開會茶點→按滑鼠右鍵顯示快顯功能表→點選「設定資料序列格式 (A)」。

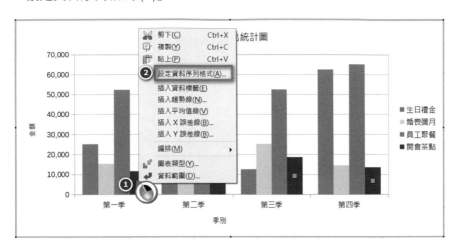

步驟02 點選「選項」標籤→點選「◉次 Y 軸 (E)」→勾選「☑ 並排顯示列 (B)」→再按「確定」。

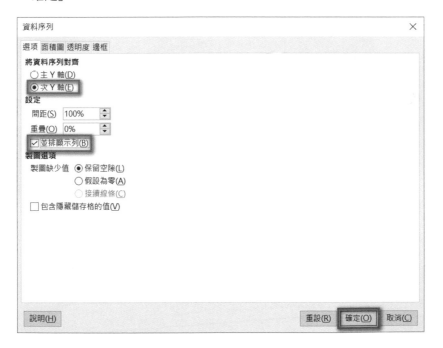

完成設定之後，圖表區中的 Y 軸左邊會顯示數據較大的值，右邊則會顯示較小的值。

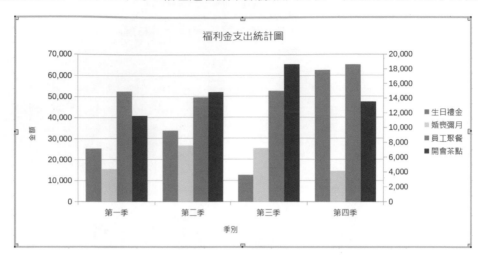

☀ 小百科

當圖表「Y 軸」與「次 Y 軸」同時顯示時，有時會讓讀者混淆，分不清哪些資料列要看左邊的【Y 軸】，哪些資料列要看右邊的【次 Y 軸】，此時，建議將圖表資料列的「資料標籤」予以顯示，當資料列上有數值顯示，就更容易辨識。

## 079 報表列印時，如何縮放在同一頁？

製作報表有時資料的項目比較多，以致於列印時無法放在同一個頁面中，讓使用者在閱讀資訊時顯得不方便，該如何解決呢？

### 觀念說明

試算表軟體預設的版面大小為 A4 紙張，然而在製作報表時，難免因為要表達或運算的數據內容較多，以致於列印時無法將資料同時放置於一個頁面上。此時可以透過不同的「縮放」方式，將欄或列的內容放置於所需要的頁面中：

1. 透過「百分比」縮放：大多用在調整由左至右閱讀的「欄位」資料，主要是變更列印的百分比，使原本跨頁的資料能放置於同一個頁面中。

2. 透過「頁面高度」縮放：大多用在調整由上而下閱讀的「列」資料，主要是將最末頁被遺留的資料，縮放至所需要的頁面，避免報表有「頭重腳輕」的違和感。

### 錦囊妙計

**百分比縮放**

步驟01 點選工具列上「 📷 （預覽列印）」，進入預覽列印的模式。

步驟02 點選工具列上調整桿中的「 ▬ （縮小）」，將欄位資料縮放至同一頁面。

完成設定之後，報表原先跨頁的欄位資料，就會放在同一頁。

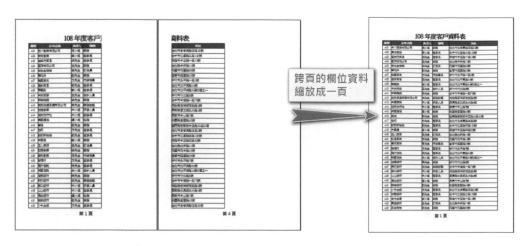

---

💡 小百科

縮放調整視跨頁欄位數的多寡，需重複「圖02」的次數不等，可能是 2 次、3 次或更多次。

---

## 頁面高度縮放

圖01 點選工具列上「 🔲 （預覽列印）」，進入預覽列印的模式。

圖02 點選工具列上的「頁面設定」，進入設定頁面。

**03** 點選「工作表」標籤→點選縮放模式 (M) 為「使列印範圍符合寬度 / 高度」→設定寬度頁數 (W) 為「1」頁寬→設定高度頁數 (H) 為「2」頁高→再按「確定」。

完成設定之後，報表原先跨頁的欄位資料就會放在同一頁，而總頁數也會縮放成指定的二頁內容。

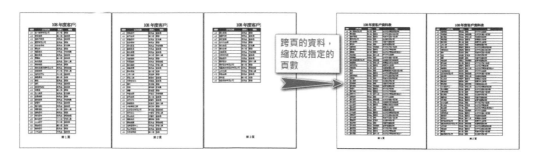

跨頁的資料，縮放成指定的頁數

---

💡 **小百科**

頁面樣式中「工作表」項下的【使列印範圍符合寬度 / 高度】：

- 寬度：指「由左向右」瀏覽的資料（即欄位），要印製成多少張 A4 頁面。
- 高度：指「由上向下」瀏覽的資料（即列數），要印製成多少張 A4 頁面。

# 080　報表列印時，如何自訂分頁？

當試算表中的內容資料過多，列印時往往會自動產生第 2 頁、第 3 頁…，若想要指定每一頁資料的列印筆數，如：每一頁列印 20 筆，要如何設定呢？

## 觀念說明

資料在列印時會依預設編輯區的版面大小，自動進行內容的分頁設定，如：A4 紙張。如此一來，有時候資料並不會均分在頁面中，如果使用者希望每一個頁面的資料筆數是相同的，就必須要透過分頁設定來完成，絕不要自行去調整列高，才不會造成資料內容增減時，頁面列印筆數變更。

## 錦囊妙計

### 設定分頁

步驟01 選取「欲分頁資料所在的欄或列」，如：第 21 筆資料（即第 23 列）。

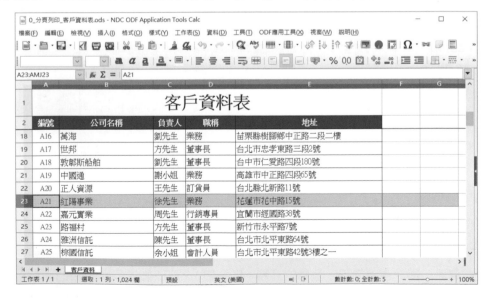

**▣02** 點選「工作表 (S)」功能表中「插入分頁符 (B)」項下的「斷列 (R)」。

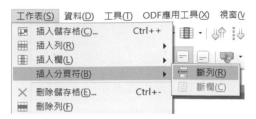

**▣03** 重複「▣02」的設定，在每隔 20 筆的資料處重複作「斷列」的設定，如：43 列、63 列…。

完成設定之後，透過「預覽列印」，即可看到每一頁面皆有 20 筆資料。

取消分頁

**步驟01** 選取「分頁處的資料欄或列」，如：第 21 筆資料（即第 23 列）。

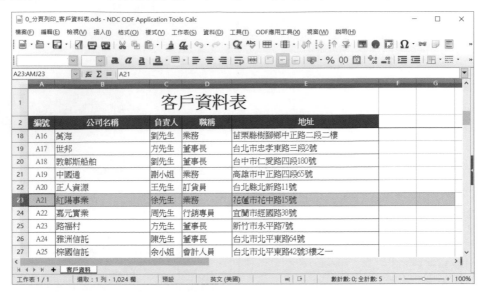

**步驟02** 點選「工作表 (S)」功能表中「刪除分頁符 (B)」項下的「斷列 (R)」。

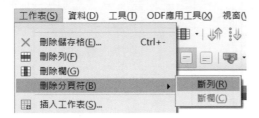

**步驟03** 重複「步驟02」的設定，在每隔 20 筆的資料分頁處重複取消分頁設定，如：43 列、63 列…。

完成設定之後，透過「預覽列印」，即可看到每一頁面恢復預設自動分頁。

| 編號 | 公司名稱 | 負責人 | 職稱 | 地址 |
|---|---|---|---|---|
| A01 | 三川實業有限公司 | 陳小姐 | 業務 | 台北市忠孝東路四段32號 |
| A02 | 東南實業 | 黃小姐 | 董事長 | 台中市仁愛路二段120號 |
| A03 | 坦森行貿易 | 胡先生 | 董事長 | 高雄市中正路一段12號 |
| A04 | 國頂有限公司 | 王先生 | 業務 | 台北縣中新路11號 |
| A05 | 福台生機械 | 李先生 | 訂貨員 | 花蓮市花蓮路98號 |
| A06 | 琴花卉 | 劉先生 | 業務 | 宜蘭市經國路555號 |
| A07 | 特國廣兒 | 方先生 | 行銷專員 | 新竹市永平路一段1號 |
| A08 | 漢多貿易 | 劉先生 | 董事長 | 台北市北平東路2號 |
| A09 | 琴攝影 | 謝小姐 | 業務 | 台北市北平東路2號3樓之一 |
| A10 | 中央開發 | 王先生 | 會計人員 | 新竹市竹北路8號 |
| A11 | 宇奏雜誌 | 徐先生 | 業務 | 台中市中港路一段78號 |
| A12 | 威航貨運承攬有限公司 | 李先生 | 業務助理 | 彰化縣石碑鄉財源路3號 |
| A13 | 三捷實業 | 林小姐 | 研發人員 | 屏東縣富文鄉永大路4號 |
| A14 | 喵天旅行社 | 林小姐 | 董事長 | 屏東市中山路7號 |
| A15 | 美國飲滿 | 鍾小姐 | 監事 | 桃園縣富國路42號 |
| A19 | 中國通 | 謝小姐 | 業務 | 高雄市中正路四段65號 |
| A20 | 正人資源 | 王先生 | 訂貨員 | 台北市北縣路11號 |
| A21 | 紅陽事業 | 徐先生 | 業務 | 花蓮市花中路15號 |
| A22 | 嘉元實業 | 周先生 | 行銷專員 | 宜蘭市經國路38號 |
| A23 | 路福村 | 方先生 | 董事長 | 新竹市永平路7號 |
| A24 | 雅洲信託 | 陳先生 | 董事長 | 台北市北平東路6號 |
| A25 | 棕國信託 | 余小姐 | 會計人員 | 台北市北平東路42號3樓之一 |
| A26 | 信華銀行 | 賴先生 | 業務 | 新竹市竹北路8號 |
| A27 | 渣打銀行 | 成先生 | 業務助理 | 台中市中港路一段78號 |
| A28 | 第二銀行 | 林小姐 | 研發人員 | 彰化縣石碑鄉財源路5號 |
| A29 | 山山銀行 | 林小姐 | 董事長 | 屏東縣水果鄉永大路4號 |
| A30 | 灣台銀行 | 鐘小姐 | 監務 | 屏東市中山路7號 |
| A31 | 泰安銀行 | 劉先生 | 業務 | 桃園縣富國路42號 |
| A32 | 小中企銀 | 方先生 | 董事長 | 台北市忠孝東路四段32號 |
| A33 | 南華銀行 | 劉先生 | 董事長 | 台中市仁愛路二段120號 |
| A34 | 合作金庫 | 謝小姐 | 業務 | 高雄市中正路一段12號 |
| A35 | 東遠銀行 | 王先生 | 訂貨員 | 台北縣中新路11號 |

**081**　　報表列印時，如何讓每一頁都帶有標題？

當試算表中的內容資料過多，列印時往往會有第 2 頁、第 3 頁…，但是第 2 頁以後的表格上方沒有列印出標題，閱讀時非常的不方便，該如何解決呢？

### 觀念說明

一份正式的報表，若是有跨頁的情形產生，無論列印多少張，每一個頁面都必須帶有欄標題或列標題，方能讓報表的內容一目瞭然。

然而，在製作跨頁標題時，絕不能採用「複製＋貼上」或是在跨頁資料的地方以「插入列」或「插入欄」的方式製作標題。若採用上述方式製作報表標題，當報表的內容有增減，甚至欄寬列高被調整時，標題就會出現在不適當的位置。

### 錦囊妙計

**01** 點選「格式 (O)」功能表中「列印範圍 (T)」項下的「編輯 (E)」。

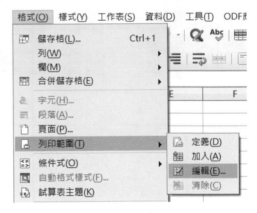

**02** 點選右方「　」折疊鈕回到編輯區。

**STEP 03** 選取要重複的標題，如：第 1-3 列。

**STEP 04** 點選「　」折疊鈕回到設定視窗。

| 編輯列印範圍: 要重複的列 | × |
| --- | --- |
| $1:$3 | |

**STEP 05** 點選「確定」。

| 編輯列印範圍 | × |
| --- | --- |

列印範圍
- 整張工作表 -

要重複的列
- 使用者定義 -　$1:$3

要重複的欄
- 無 -

說明(H)　　　確定　取消

完成設定之後，透過預覽列印的方式，即可看到第 2 頁以後的表格出現標題。

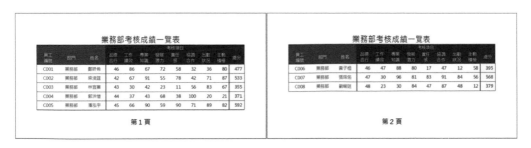

## 082　報表列印時，如何讓不同工作表的頁碼是連續的？

報表檔案中的每一張工作表，列印時頁碼會依工作表內容顯示不同的張數。但如果一份報表中有多張工作表，如：業務部考核成績、研發部考核成績、行政部考核成績…，當我們希望將所有的工作表列出來且頁碼是皆為連續的，該如何設定呢？

### 觀念說明

在試算表軟體中，每一個頁面都是獨立的工作表，而每一張工作表會依內容的多寡在列印時會自動分頁且擁有自己的頁碼。

若我們希望把所有的工作表列印出來，並且頁碼全部連續，不依工作表而分開時，可採用「群組工作表」的方式來完成。

當試算表中的工作表被設定為「群組工作表」時，只要在任何一張工作表內容設定格式、公式或輸入文字，所有的工作表皆會同步擁有相同的設定，對於需要製作多張相同資料報表的使用者而言，簡略了很多繁複的步驟真是一大福音。

**錦囊妙計**

**製作群組工作表**

**01** 選按鍵盤的「Shift」鍵不放，再點選「欲列印或編輯的工作表」。

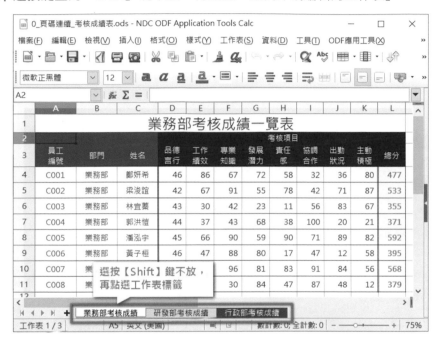

**02** 點選工具列上「（預覽列印）」，進入預覽列印的模式，瀏覽頁碼。

完成設定之後，試算表中的工作表，列印出來的頁碼即會由原先各自分開變成全部連續的頁碼。

## 獨立工作表頁碼

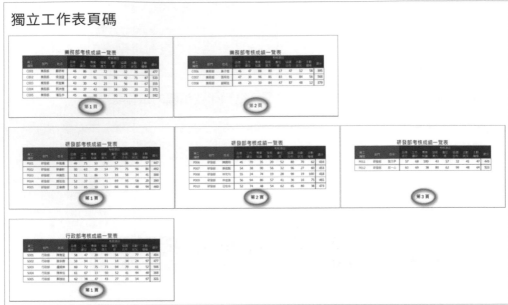

## 連續工作表頁碼

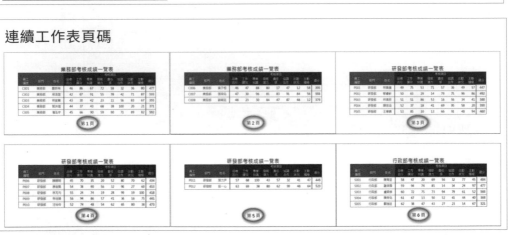

> 💡 **小百科**
>
> - 按「Shift」鍵，可選取連續的工作表。
> - 按「Ctrl」鍵，可選取不連續的工作表。

**小技巧**

試算表的列印，一律是從最左邊的工作表開始編頁碼，若要變更工作表列印的
頁碼先後順序，可調整工作表的位置順序。

**取消群組工作表**

步驟01 在「工作表標籤」上選按滑鼠右鍵顯示功能表→再點選「取消選取全部的工作表
(B)」。

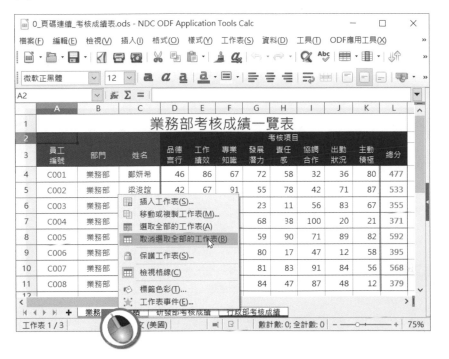

## 083　報表列印時，如何讓每一頁都有浮水印？

文件流通的過程中，如果為了宣告版權或所屬單位，想要在文件中加入背景浮水印，在試算表中該如何製作呢？

### 觀念說明

一般的文件資料或報表數據，在列印時僅會列印出內容資料，在頁面中如果想要直接讓閱讀者看到文件是屬於哪個機構，我們通常會在文件中加入半透明浮水印的資訊，例如：某單位的 Logo 或 Icon。而如果是機密文件或重要資料，有時也會特意加上警語，如：版權所有翻印必究的字樣。

其實，文件中加上這種半透明的浮水印，除了宣告文件是出自於哪個單位、標記文件資訊及提醒尊重版權之外，還有另一個目的，就是不讓使用者輕易地翻印手上拿到的文件。

浮水印最簡單的作法是直接採用既有的圖片，但使用者也可以自己製作不同內容的浮水印。

### 錦囊妙計

**浮水印製作**

步驟01 開啟「Impress」簡報軟體→點選「插入 (I)」功能表中的「美術字 (J)」。

步驟02 點選「喜愛 1」的樣式→再按「確定」。

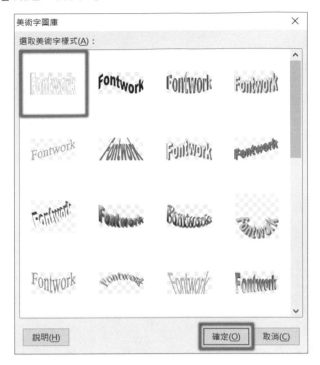

步驟03 在編輯區中的美術字上「快點滑鼠左鍵二下」進入編輯模式。

步驟04 輸入所需的文字，輸入完成後，點選文字以外的區域結束文字編輯。

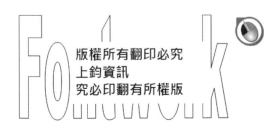

版權所有翻印必究
上鈞資訊
究必印翻有所權版

步驟05 點選美術字工具列的「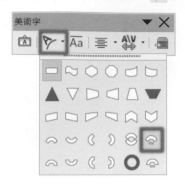」→再點選「開放圓形（曲線）」。

步驟06 調整適當大小，並選按「滑鼠右鍵」顯示快顯功能表→再點選「轉換 (C)」選項下的「成點陣圖 (B)」。

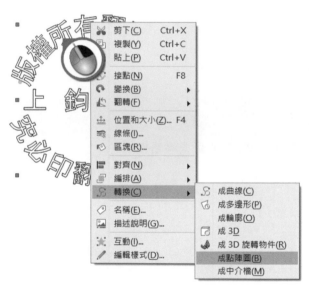

步驟07 轉換完成後，選按「滑鼠右鍵」顯示快顯功能表→再點選「儲存 (S)」把美術字儲存成圖片檔。

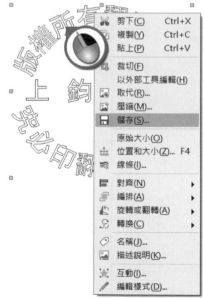

## 浮水印設定

**01** 開啟欲設定的檔案，點選「格式 (O)」功能表中的「頁面 (P)」。

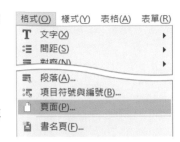

**02** 選按「背景」標籤→設定採用為「點陣圖 (D)」→再按「加入／匯入」。

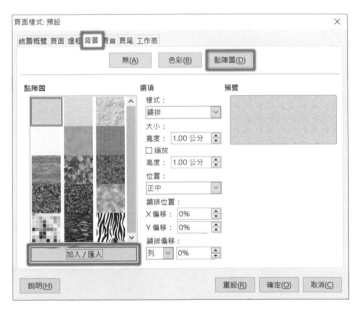

**03** 點選欲匯入的圖形，如：版權宣告→再點選「開啟 (O)」。

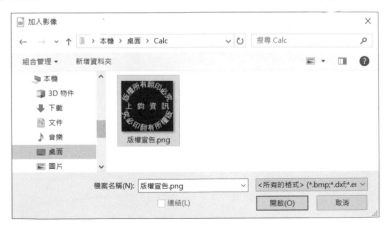

**STEP 04** 設定樣式：「自訂位置 / 大小」→位置：「正中」→「確定」。

完成設定之後，即可透過「預覽列印」
看見已完成的背景浮水印。

## 取消浮水印

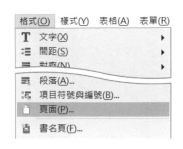

**步驟01** 點選「格式 (O)」功能表中的「頁面 (P)」。

**步驟02** 選按「背景」標籤→設定為「無 (A)」→再按「確定」。

完成設定之後，即可透過「預覽列印」看見背景浮水印已取消。

# 084　報表列印時，如何有不同的版面？

一個試算表的檔案可能包含許多張不同的工作表，若想將工作表各自設定成不同的版面來列印，常常會發現已完成設定的「工作表 1」，在設定「工作表 2」的版面時會跟著一起變動，因此無法讓「工作表 1」和「工作表 2」有各自的版面配置，要如何解決呢？

## 觀念說明

一個 Calc 試算表的檔案，我們一般會視為同一本書，當中每一個編輯區我們稱之為「工作表」，它相當於書籍中的每一頁。而一本書在編輯及印刷時，它的版面大小整體會是一致的，所以在試算表中，如果變更其中一個工作表頁面的大小或方向，整份試算表就會一起變更。

然而，我們在製作工作表時，因為內容數據運算呈現的結果不同，有時候會需要不同的版面配置，讓報表的列印能更符合實際需求，此時就必須要透過「樣式」的設定和引用，讓試算表中的工作表能有不同的設定。

## 錦囊妙計

步驟01 開啟欲設定的檔案，點選「側邊欄」的「T」樣式。

STEP 02 選按「 🗋 （頁面樣式）」。

STEP 03 在空白處點選「滑鼠右鍵」顯示快顯功能表→點選「新增 (A)」。

STEP 04 點選「統籌概覽」標籤→設定樣式「名稱 (N)」，如：A4 橫印。

| 頁面樣式 | ✕ |
| --- | --- |

統籌概覽 頁面 邊框 背景 頁首 頁尾 工作表

樣式

名稱(N)： A4 橫印

繼承自(D)： [ 編輯樣式(E) ]

類別(C)： 自訂樣式

STEP 05 點選「頁面」標籤→設定紙張方向為「橫向 (A)」→再按「確定」。

| 頁面樣式 | ✕ |
| --- | --- |

統籌概覽 頁面 邊框 背景 頁首 頁尾 工作表

紙張格式

格式(F)： A4

寬度(W)： 29.70 公分

高度(H)： 21.00 公分

方向(O)： ○ 縱向(P)
　　　　　 ◉ 橫向(A)

送紙匣(T)： [採用印表機設定]

頁面邊距

左(B)： 2.00 公分

右(C)： 2.00 公分

上(D)： 2.00 公分

下(E)： 2.00 公分

版面配置設定

頁面的版面配置(P)： 左右頁相同

頁碼(G)： 1, 2, 3, ...

表格中央對齊(I)： ☐ 橫向(Z)
　　　　　　　　　 ☐ 直向(V)

說明(H) 　　　 重設(R) 確定(O) 取消(C)

**步驟06** 在「側邊欄」中「A4 橫印」的樣式上，快點滑鼠左鍵二下套用該樣式。

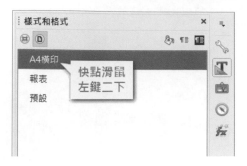

完成設定之後，透過「預覽列印」即可看到工作表 1 和工作表 2 的版面設定是不同的！

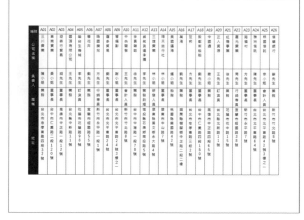

# 第 4 章

# 101 招之 Impress 簡報　實戰篇

# 085　如何將自訂的投影片格式設為預設？

　　製作投影片的內容頁面時，如果要變成一致的風格，就必須要採用母片設計，希望每一次開啟簡報時都能直接套用設計好的投影片格式，而不需要再一一重新修改和設計，該如何設定呢？

## 觀念說明

母片的設定主要是讓所有的投影片風格一致，但如果想要套用別人提供的投影片內容做為自己的簡報格式，多數使用者會將自己的投影片複製到檔案中，如此一來容易造成版面失真或是原先設定好的動態效果無法啟用。

因此建議採用「範本」設定的方式，將他人提供的簡報檔案儲存起來，日後如果有需要採用時，再將它套用至簡報中即可。

## 錦囊妙計

### 新增母片範本

**01** 開啟「欲採用格式的簡報檔案」，如：LibreOffice 範本。

02 點選「檔案 (F)」功能表「範本 (M)」項下的「另存為範本 ...(A)」。

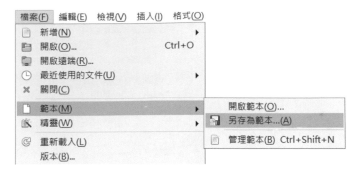

03 輸入「範本名稱 (N)」，如：專業報告→在範本類別 (C) 中選按「我的範本」→再按「儲存 (S)」。

完成設定之後，該簡報即儲存為預設範本，可提供日後製作簡報時使用。

---

**套用母片範本**

01 開啟「欲設定格式的簡報檔案」，如：ezgo 推廣成果報告。

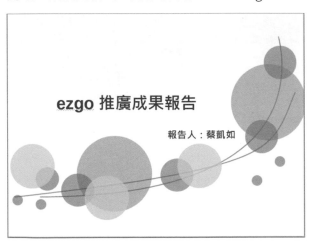

步驟02 點選「投影片 (L)」功能表中「投影片母片 (J)」。

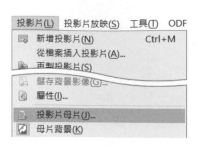

步驟03 選按「載入 (L)...」。

步驟04 選按「我的範本」→點選「專業報告」範本→點選「+」預覽內容→再按「確定」。

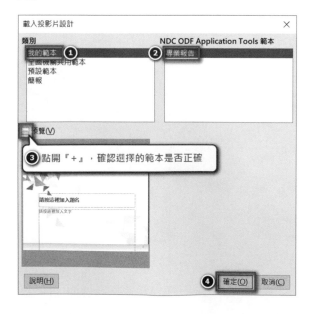

STEP**05** 選按「欲套用的投影片背景」→再按「確定」。

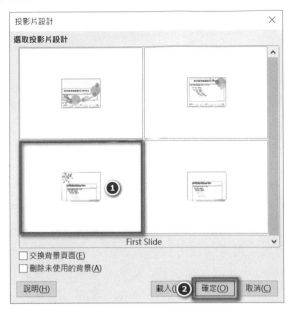

完成設定之後，回到編輯區，投影片即會套用選取的母片樣式。

## 086　在簡報中，如何將檔案容量縮小？

簡報製作完之後，可能因為內容含有大量的文字和圖片，所以容量會比較大，不利於電子郵件的寄送，如果希望將簡報內容的容量縮小，該如何設定呢？

### 觀念說明

當簡報的內容製作完成後，最重要的便是將其儲存，提供他人日後瀏覽。一般我們最常使用的方式是將簡報儲存成檔案，再透過電子郵件寄送給其他使用者，但一份專業的簡報，內容可能包含了大量的文字、圖片或影音，以致於檔案的容量非常大，以致於無法透過電子郵件傳送，「縮小簡報」可以幫簡報的內容進行瘦身，使其壓縮成最佳化的檔案大小，便可輕鬆分享。

### 錦囊妙計

**01** 點選「工具 (T)」功能表中的「縮小簡報 (P)」。

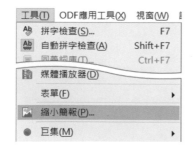

**02** 設定「螢幕最佳化（檔案大小最小）」→再按「下一步 (N)」。

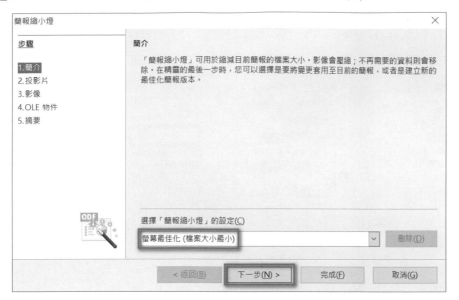

**03** 勾選「☑ 刪除未使用的投影片母片 (M)」及「☑ 刪除隱藏的投影片 (S)」→再按「下一步 (N)」。

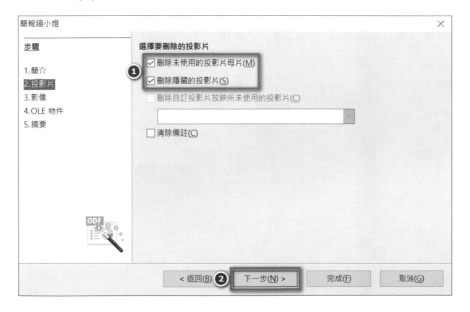

**Step04** 設定「影像最佳化」為「◉ JPEG 壓縮品質百分比 70」→降低影像解析度 (I) 為「90 DPI（螢幕用解析度）」→勾選「☑ 刪除裁掉的影像區域 (D)」及「☑ 內嵌外部影像 (E)」→再按「下一步 (N)」。

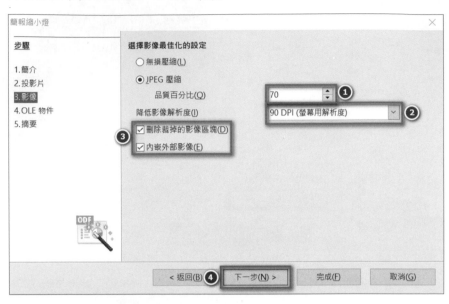

**Step05** 設定「選擇替代 OLE 物件的設定」為「☑ 建立 OLE 物件的靜態替代影像 (H)」→點選「◉針所有 OLE 物件 (A)」→再按「下一步 (N)」。

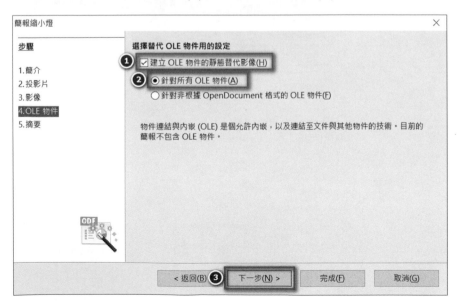

步驟06 選擇「◉套用變更之前先再製簡報複本 (D)」，讓縮小後的簡報以複本方式儲存
→再按「完成 (F)」。

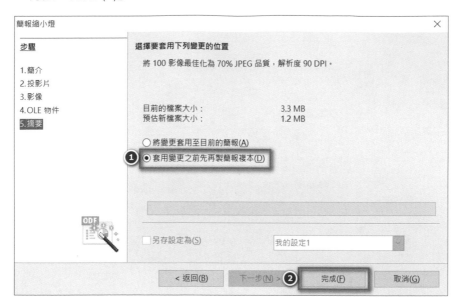

步驟07 輸入「檔案名稱」為「圖解簡報技巧 _ 縮小版」→再按「存檔 (S)」。

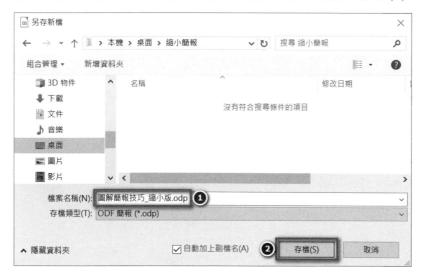

接下來，簡報即會進行壓縮並儲存。

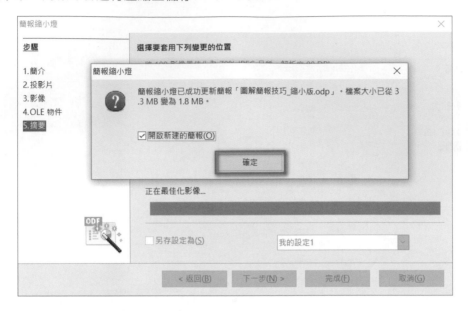

完成設定之後，簡報會有原始檔案及縮小版檔案，而且檔案的大小也會因壓縮而有所不同。

# 087　在簡報中，如何讓物件能平均分配間距？

　　簡報的內容如果需要使用到圖片或繪圖物件，放置的距離總是不容易調整，如果希望它們能夠等距離的放置於投影片中，該如何設定呢？

## 觀念說明

當投影片中同時採用了二個以上的物件，在擺放位置時，無論是由上而下或是由左而右，會發現物件之間的距離不容易調整。如果希望物件之間的距離能夠呈現「等距離」分佈，有些使用者會採用「網格」及「輔助線」來幫忙，但是手動調整畢竟有難度，精準度也不夠，建議使用者可採用「自動設定」的功能，讓電腦自動調整物件之間的距離，既省時又精準。

## 錦囊妙計

步驟01 按住鍵盤的「Shift」鍵不放，選取「所有要設定的物件」。

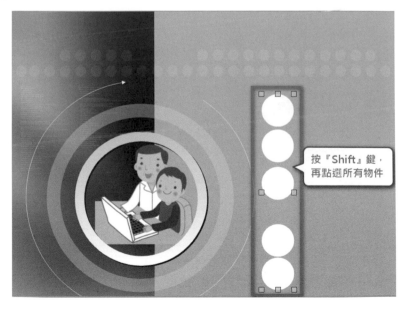

STEP**02** 點選滑鼠右鍵，顯示快顯功能表→再點選「分布 (D)」。

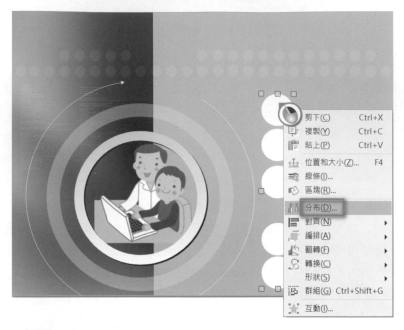

STEP**03** 視實際需求設定「水平」或「垂直」的對齊方式，如：間距 (P) →再按「確定」。

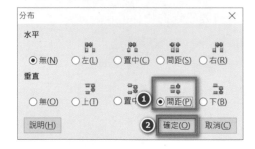

完成設定之後，編輯區中的物件，由上而下的垂直距離就會「等距離」的分配。

---

☞ 小百科

分布的對齊方式，是以選取的物件及擺放的範圍為對齊的依據：

(1) 左 (L)：以最左邊的物件為基準，向它對齊。

(2) 置中 (C)：以水平中間物件為基準，向它對齊。

(3) 間距 (S)：以最左邊和最右邊的物件為基準，平均分配物件的距離。

(4) 右 (R)：以最右邊的物件為基準，向它對齊。

(5) 上 (T)：以最上方的物件為基準，向它對齊。

(6) 置中 (E)：以垂直中間物件為基準，向它對齊。

(7) 間距 (P)：以最上方和最下方的物件為基準，平均分配物件的距離。

(8) 下 (B)：以最下方的物件為基準，向它對齊。

**088** 在簡報中，如何讓每個頁面的風格都統一？

製作投影片的內容頁面時，我們會希望有統一設計好的簡報風格，如：背景、文字色彩及大小…等，但通常都會一張一張的修改和套用，如果希望設計簡報時都能直接套用設計好的格式，而不需要再一一重新修改和套用，該如何設定呢？

## 觀念說明

設計整份簡報的格式時，雖然我們隨時都能手動修改投影片的格式及物件，但如果每張投影片希望有相同的格式或物件，就需要一張一張的修改或設計投影片，當手動執行時，就會是非常費時又龐大的工程，我們可以透過「母片」來協助整體樣式的設定。

母片是一組格式的結合，可以應用在簡報格式中使其快速更換外觀，例如：字體、字型、顏色、段落間距及縮排，以及其他特定文字和物件樣式。

Impress 簡報中提供三種投影片：投影片、投影片母片及備註母片，其作用都是在同一份簡報中用來編輯投影片內容及格式。其中投影片母片及備註母片，可依使用者所設計的格式及物件套用到每張投影片，因此只需要使用母片設計，即可減少每張投影片手動設計的時間。在同一檔案內所新增加的投影片都會依照投影片母片所設計的風格呈現，而修改單獨的投影片不會影響投影片母片。

錦囊妙計

## 套用預設母片

**步驟01** 點選側邊欄的「」母片頁面按鈕→再選按「所需要的母片背景」樣式，如：
ApacheCon Europe 2012 簡報範本 - 1。

完成設定之後，簡報中的投影片，即會套用選定的樣式背景和格式。

套用自訂母片

步驟01 點選「檢視 (V)」功能表中的「投影片母片 (M)」。

步驟02 在「預設母片」中選按「滑鼠右鍵」顯示快顯功能表→再點選「新增母片 (A)」。

步驟03 在「新增的母片」頁面上「選按滑鼠右鍵」→「重新命名母片 (D)」。

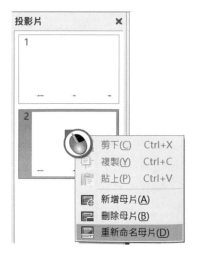

**04** 輸入新的母片名稱，如：「成果報告」→「確定」。

**05** 設定所需要投影片格式，如：背景、字型、色彩…。

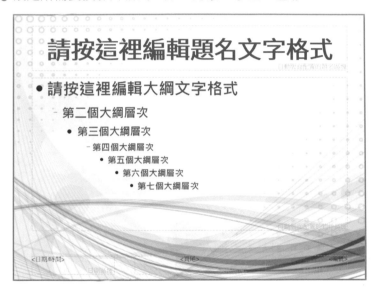

**06** 選按工具列「 ⬆ 關閉母片」，回到投影片編輯區。

**07** 點選「投影片 (L)」功能表中「投影片母片 (J)」。

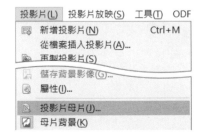

08 點選「所需要的投影片母片」，如：成果報告。

完成設定之後，回到編輯區，投影片即會套用選取的母片樣式。

## 089 在簡報中，如何加入動態的動畫效果？

　　投影片中的內容愈是豐富，在播放時閱讀就愈有難度，如果希望每段文字或每個物件在閱讀時，能有出現的先後順序，讓傳達的資訊及閱讀流程能更順暢，該如何設定？

### 觀念說明

投影片的內容在播放時，無論是文字或圖形物件等，預設皆是靜態的效果，若同時出現在投影片中，可能會混淆讀者閱讀的步調，此時可以採用「自訂動畫」的功能，讓投影片的播放整體看起來更流暢。

「自訂動畫」的功能跟「投影片切換」的功能很相像，自訂動畫的功能主要是用在投影片中獨立的項目，如：標題、圖表；而投影片切換則是套用在投影片的頁面。

動畫雖然可以讓投影片的播放變得生動活潑，而且更容易記住播放內容。不過大量使用動畫在專業型的演講或報告，反而容易使聽眾分心或是模糊焦點，因此使用上要特別留意。

### 錦囊妙計

**步驟01** 選取欲設定動畫的物件，如：標題「圖解簡報技巧」。

**02** 選按側邊欄「☆」自訂動畫按鈕，切換至自訂動畫區塊→選按「＋」，進入效果選項設定。

**03** 設定類別 (A) 為「進入」→效果 (B) 選擇為「淡入並拉近」→修正「開始 (S)」為「前動畫播放後」→最後設定時間 (U) 為「2.00 秒」。

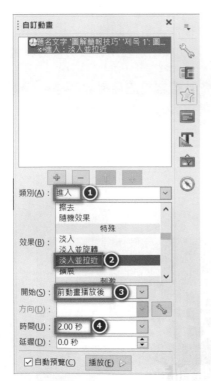

完成設定之後，物件的動畫即套用完成，簡報播放時即可看到動態效果。

---

☆ 小百科

自訂動畫的效果可分為：

(1) 進入：指物件在投影片播放時，顯示的特效。

(2) 強調：指物件出現在展示區後，顯示的特效。

(3) 離開：指物件在展示區中，結束播放的特效。

(4) 動態路徑：指物件在展示區中，移動的途徑。

自訂動畫的「開始」設定，可依不同的物件設定播放方式。

(1) 「點按時」：必須要按一下滑鼠左鍵，該物件才會出現。

(2) 「與前動畫同時」：不需按滑鼠，該物件會與前一個物件同時出現。

(3) 「前動畫播放後」：不需按滑鼠，該物件在前一個物件播放後，自動接續出現。

## 090　在簡報中，如何加入動態的換頁效果？

　　簡報在播放時，如果投影片的內容差異不大，在切換頁面內容時，讀者可能不會發現，若希望加入動態的換頁效果，讓投影片頁面切換時有過場的視覺感受，該如何設定？

### 觀念說明

Impress 簡報和 Writer 文件最大的不同在於，Impress 簡報可以動態展示內容，而 Writer 文件僅能靜態呈現。而簡報的動態內容展現，主要是透過投影片切換及自訂動畫設定相互搭配，才得以有最佳的效果。

投影片轉場是指在簡報播放時，投影片與投影片之間頁面變換的特效，用以辨別投影片頁面間的切換，讓投影片的播放整體看起來更流暢。

### 錦囊妙計

#### 相同轉場效果

步驟 **01** 點選側邊欄「 」投影片轉場按鈕→選按「方塊」轉場效果→「將轉場套用到所有投影片(G)」。

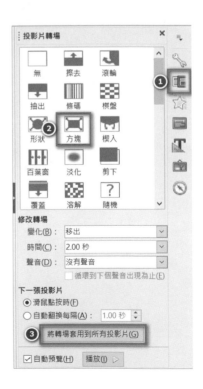

完成設定之後，所有的投影片即套用「方塊」的轉場效果。

**不同轉場效果**

圖01 點選側邊欄「」投影片轉場按鈕→選按「隨機」轉場效果→「將轉場套用到所有投影片(G)」。

完成設定之後，所有的投影片在每次播放時皆有不同的轉場效果。

小百科

- 轉場效果在點選的同時，立即會套用在目前所選取的頁面。

- 每一張投影片如果要有不同的轉場效果，原則上是要一張一張投影片設定轉場效果，如果直接選按「隨機」轉場效果套用會比較快速，但無法決定每一張投影片每次的轉場效果。

# 091 在簡報中，如何製作目錄？

當投影片的內容較多時，無法在第一時間內知道簡報的重點標題，若能製作成目錄即可讓人一目瞭然，該如何設定呢？

## 觀念說明

簡報是一頁一頁的投影片所組合而成的，每一張投影片皆有一個標題，但如果沒有透過播放或頁面瀏覽，使用者很難在第一時間內瞭解簡報所有的主題內容，此時可以透過「摘要投影片」的功能來協助。

簡單的說，「摘要投影片」相當於簡報中的「目錄」，它是簡報中「標題」的集合，通常都是在所有投影片完成之後才會製作，而且一般都會搭配超連結應用。

## 錦囊妙計

01 在投影片窗格中，選取「欲設定成目錄的投影片」。

在投影片窗格中，選取『欲設定目錄的投影片』

447

步驟02 點選「投影片 (L)」功能表中的「摘要投影片 (M)」。

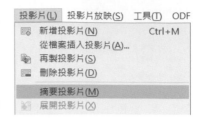

步驟03 點選「投影片整理」標籤→將出現在最後一頁的摘要投影片搬移至合適的位置，如：第 2 頁。

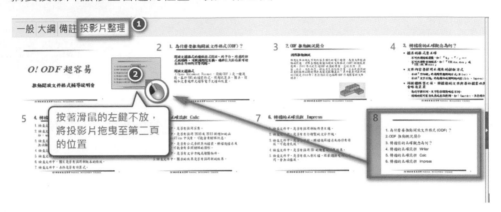

步驟04 點選「一般」檢視→到第 2 張投影片中輸入「標題」，如：目錄，摘要投影片即完成。

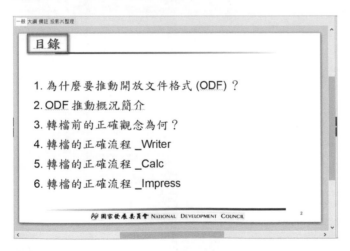

### 小百科

投影片中必須要有「標題」，才能製作成摘要投影片的內容。

# 092　在簡報中，如何讓第一頁的頁碼不顯示？

當投影片的內容頁數較多時，頁碼的出現可便於內容順序的閱讀，要如何快速讓每一頁自動產生頁碼呢？如果第一頁的標題頁面，不想顯示頁碼，又該如何設定呢？

## 觀念說明

在文件資料中，當內容資料較多時，頁碼幾乎是必備的資訊，簡報也不例外。在簡報中常見的頁尾資訊除了頁碼之外，還有日期時間。頁碼用來管理投影片的順序，而日期是用來記錄簡報的製作或修改時間。

簡報中如果加上頁碼，所有的投影片皆會出現頁面的順序編號，但簡報中的第一頁大多是「封面標題」，如果加上頁碼感覺怪怪的，因此多數使用者會將簡報中的第一頁頁碼予以隱藏不顯示。

## 錦囊妙計

步驟01 點選「插入 (I)」功能表中的「頁首與頁尾 (H)」。

步驟02 點選「投影片」標籤→勾選「☑ 投影片編號 (S)」→再勾選「☑ 首張投影片不顯示 (A)」→再按「套用到全部 (Y)」。

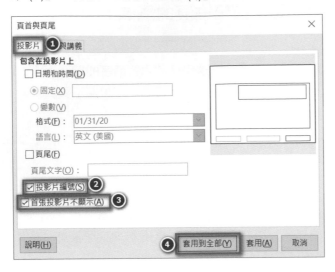

完成設定之後，編輯區中的第一張投影片，頁碼即不顯示，但第二頁之後的投影片則會顯示頁碼資訊。

🔅 小百科

固定日期：無論簡報在哪一天開啟，皆會顯示使用者設定的日期。

變動日期：隨著簡報開啟的時間，顯示當天的日期。

## 093　在簡報播放時，如何加入聲音檔？

　　為了讓簡報的內容更生動，有時我們需要加入背景音樂或旁白，讓簡報在播放時能更吸睛，該如何設定呢？

　　當投影片中加入背景音樂時，只要投影片一換頁，音樂立即就會停止，若希望音樂能持續播放直到投影片結束，又要如何設定呢？

### 觀念說明

當簡報中只有文字、圖表…等靜態內容，閱覽時會顯得枯燥乏味，此時可以加入音樂或旁白，增添閱讀的趣味。

在投影片中無論是加入音樂或旁白，預設只會在該頁面播放，只要點按滑鼠一下或切換到其他投影片，音樂或旁白即會停止播放。如果希望能跨投影片播放音樂或旁白內容，則可以透過投影片切換的設定來完成。

### 錦囊妙計

#### 單一頁面聲音

步驟01 點選「插入 (I)」功能表中的「音訊或視訊 (V)」。

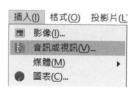

**圖02** 點選「所需要的聲音檔」，如：ODF 旁白 .mid →再按「開啟 (O)」。

完成設定之後，編輯區中會顯示一個音符圖示，待簡報播放至此張投影片時，即會播放聲音或音樂，但點按滑鼠或換到其他投影片聲音即停止。

## 全部頁面聲音

**01** 點選側邊欄「　」投影片轉場按鈕→選按聲音 (D) 右邊的「∨」箭頭→再點選「其他聲音」。

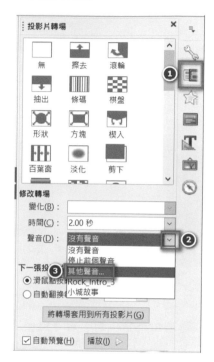

**02** 點選「欲播放的聲音檔」，如：ODF 旁白 .mid，→再按「開啟 (O)」。

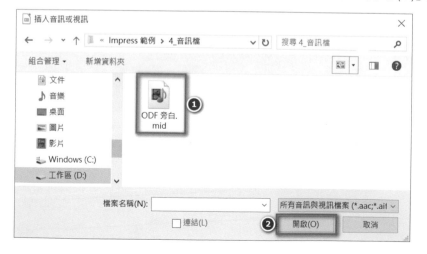

**Step03** 勾選「☑ 循環到下個聲音出現為止 (E)」。

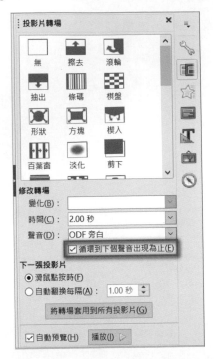

完成設定之後，投影片播放時即使換頁，聲音或音樂也不會中斷，會一直循環播放到結束。

# 094 在簡報播放時，如何加入影片檔？

為了增加簡報內容的豐富性，有時我們需要加入影片內容，該如何設定呢？

## 觀念說明

投影片的內容，預設以靜態的文字、圖片或表格居多，但有時為了增添簡報內容的豐富性，我們可以在簡報中加入多媒體，使其更具可看性。

提到多媒體簡報，可不是只有音樂的搭配而已，影片也是不可少的！透過影音的內容，不僅更具聲光效果，在訊息的表達也會更加清晰，容易理解。

## 錦囊妙計

**01** 點選「插入 (I)」功能表中的「音訊或視訊 (V)」。

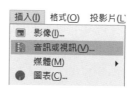

**02** 點選「所需要的影片檔」，如：ODF 介紹 .wmv →再按「開啟 (O)」。

影片來源：生命力新聞 - 推動自由軟體 不再擔心文件打不開

完成設定之後，投影片中即會插入一個靜態的圖像，待簡報播放時影片即會自動播放內容。

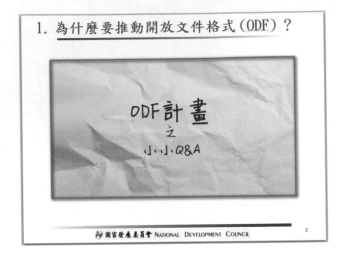

# 095 在簡報播放時，如何讓投影片從特定頁面開始播放？

簡報內容在播放時，皆會從第一頁開始播放至最後一頁，如果希望從某一個頁碼開始播放至最後一頁，或是只想播放某一個頁面，該如何設定？

## 觀念說明

簡報在電腦中放映時，預設播放方式是從第一頁播放至最後一頁，但有時並不符合需求。

其實 Impress 簡報在播放時，提供許多不同的放映方式，常見的播放有：

- 「從一而終」：指的是投影片預設放映方式，也就是從第一頁投影片內容播放至最後一頁投影片，是簡報內容最完整的呈現。

- 「由此開始」：指的是如果投影片希望從某一個頁碼開始播放至最後一頁，或是只想播放某一個頁面，則可以透過「從目前投影片開始播放」設定來完成。

## 錦囊妙計

### 從一而終的播放

步驟01 點選「投影片放映 (S)」功能表中的「從第一張投影片開始 (F)」或工具列上「📽」按鈕。

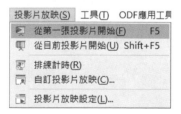

完成設定之後，簡報內容即由第一頁開始播放，如下圖雖然編輯中的畫面是第 4 張
投影片，按下「從第一張投影片開始 (F)」或工具列上「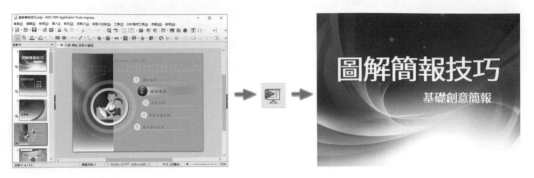」按鈕，就會從第一頁開
始播放。

由此開始的播放

招01 點選「投影片放映 (S)」功能表中的「從目前此投影片開始 (U)」或點選工具列上
「」按鈕，

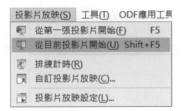

完成設定之後，簡報內容即會由目前所在的頁面開始播放，如下圖編輯中的畫面是
第 4 張投影片，按下「從目前投影片開始 (U)」或點選工具列上「」按鈕，就會
從第 4 張投影片開始播放。

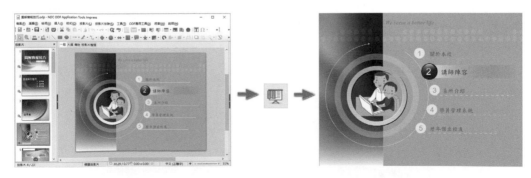

# 096 在簡報播放時，如何讓內容自動換頁播放？

簡報在播放時，如果不想透過點按滑鼠的方式讓投影片能自動切換至下一張投影片的頁面，該如何設定？

## 觀念說明

簡報在播放時，通常是由台上的演講者掌控投影片切換頁面的時間點，因此預設投影片的播放，皆是以透過點按滑鼠的方式將投影片切換至下一個頁面。但如果是沒有演講者的場合，我們可以將投影片的切換，設定成時間到就自動切換至下一張投影片的內容頁面。

## 錦囊妙計

### 切換時間全部相同

01 點選側邊欄「▣」切換到「投影片轉場」→設定「投影片轉場」效果為「隨機」→設定「◉ 自動翻換每隔 (A)：2.00 秒」→選按「將轉場套用到所有投影片 (G)」。

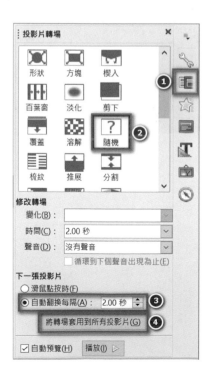

完成設定之後，當簡報開始播放，每 2 秒鐘就會自動換到下一個投影片頁面。

## 切換時間不相同

步驟01 點選「投影片放映 (S)」功能表中的「排練計時 (R)」。

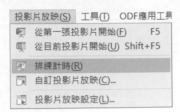

步驟02 在欲換到下一張投影片內容時，點選「左下角的時間」。

步驟03 在每張投影片重複【步驟02】的動作，直到所有投影片播放完畢。

完成設定之後，當簡報開始播放，就會依據每一頁設定的秒數自動換到下一個投影片頁面。

☀ 小百科

簡報設定投影片「自動播放」時，不能有「點按滑鼠」才出現的內容，以免因為沒有使用者點按滑鼠，造成內容無法呈現的窘境。

## 097　在簡報播放時，如何讓內容循環播放？

　　一般的簡報，無論包含多少張投影片，總會有播放結束的時候。但是在展示中心，我們常常可以看到簡報播放至最後一頁之後又自動重頭開始播放，這是怎麼做到的呢？

### 觀念說明

一般而言，投影片的內容會在有演講者的場合中播放，但有時因應場合的不同，會在沒有演講者情況下進行播放，而投影片在播放完成後，預設會停留在最後一個黑色的畫面等待使用者結束放映。

而如果我們希望投影片不僅能自動播放至下一頁的投影片內容，在放映至最後一頁後，還能夠自動從第一頁開始進行新的一輪的播放，可以透過「循環播放」的設定來完成。

### 錦囊妙計

**01** 點選「投影片放映 (S)」功能表中的「投影片放映設定 (L)」。

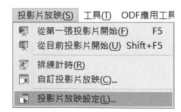

步驟02 設定「簡報模式」為「⊙於後面時間後循環播放 (D)」→設定秒數為「00:00:00」
→再按「確定」。

完成設定之後，當簡報開始播放，就會自動一直循環播放投影片的內容。

🖐 小百科

簡報設定投影片「循環播放」時，不能有「點按滑鼠」才出現的內容或是點按
滑鼠換頁的效果，以免因為沒有使用者點按滑鼠，造成內容無法呈現的窘境。

## 098　在簡報播放時，如何在不同場合播放不同的內容？

當簡報的內容製作完成之後，如果希望在不同的場合播放不同的內容，一般使用者會將檔案儲存成很多個，並給予不同的檔案名稱作為辨識，但是如果要修改投影片的內容就必須要修改很多份檔案，造成編輯上的困擾，該如何解決？

### 觀念說明

有時候簡報的播放內容可能會針對不同的觀眾，在播放的順序及內容上會略有調整，在以往大多數的人採用的方式是將簡報複製成多個不同的檔案，再進行播放，如此一來不僅浪費儲存空間，還容易造成檔案的混淆。只要透過「自訂投影片放映」的功能，即可在一個簡報檔案中，設定在不同的觀眾群播放不同的簡報內容。

### 錦囊妙計

01 點選「投影片放映 (S)」功能表中的「自訂投影片放映 (C)」。

投影片放映(S)　工具(T)　ODF應用工具
- 從第一張投影片開始(F)　　F5
- 從目前投影片開始(U)　Shift+F5
- 排練計時(R)
- 自訂投影片放映(C)...
- 投影片放映設定(L)...

02 選按「新增 (N)」。

自訂投影片放映　　　　　　　×

- 新增(N)
- 編輯(E)
- 複製(Y)
- 刪除(D)

☐ 採用自訂投影片放映(U)

說明(H)　　　　開始(S)　　確定(O)

**03** 輸入「名稱」，如：「推廣光碟成果」。

**04** 選取「投影片 4」及「投影片 6」→選按「>>」。

**05** 選按「確定」。

步驟06 選按「確定」。

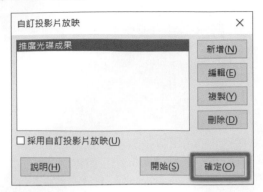

完成設定之後，這份簡報即有新的放映方式，日後若要播放不同的簡報內容，可依如下步驟進行播放：

步驟01 點選「投影片放映 (S)」功能表中的「自訂投影片放映 (C)」。

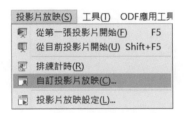

步驟02 點選「推廣光碟成果」→勾選「☑ 採用自訂投影片放映 (U)」→再按「開始 (S)」。

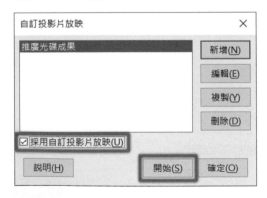

完成設定之後，簡報即可依「推廣光碟成果」設定的簡報內容播放頁面。

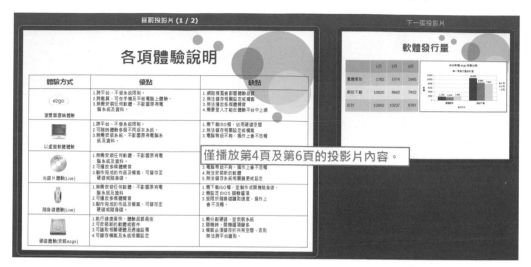

---

☀ **小百科**

「投影片放映 (S)」功能表中的「自訂投影片放映 (C)」，若有勾選【採用自訂投影片放映 (U)】的選項，播放簡報時僅會出現設定的投影片頁數；若沒有勾選【採用自訂投影片放映 (U)】的選項，則播放簡報時就會播放完整的投影片內容。

## 099　簡報時，如何在投影片中繪製或標記？

在播放簡報時，若想要補充相關資料或特別強調投影片上某些文字，要如何書寫摘要或畫重點呢？

### 觀念說明

開會時常常需要針對投影片的內容進行討論，在投影片播放的同時，若頁面上有需要特別強調的文字或需要書寫相關詞語，我們可透過簡報提供的畫筆功能在投影片上書寫，如此便可在頁面上為投影片加上標記。值得注意的是，這些標記在投影片結束播放後會全部消失不見，不會保留在投影片中。若是想要保留這些標記，則必須要將滑鼠預設為畫筆，才能在簡報結束放映時，將繪製的內容予以保留。

### 錦囊妙計

**01** 在播放投影片時，選按滑鼠右鍵顯示快顯功能表→點選「滑鼠指標作為畫筆 (P)」。

**STEP02** 在畫面上即可書寫文字或繪製圖形。

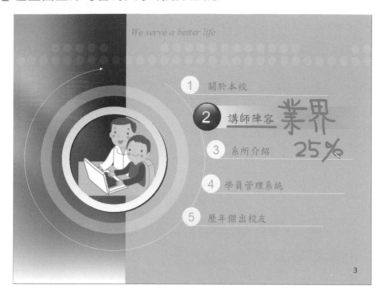

☀ **小百科**

在 Impress 簡報中，預設畫筆所書寫的文字和繪製的圖形，在播放結束之後無法保留。

想要保留這些標記，則必須從「投影片放映」功表中的「投影片放映設定」，勾選「☑ 滑鼠顯示成畫筆 (P)」，才能在簡報結束放映時，將繪製的內容予以保留。

## 100　在簡報中，如何列印有演講稿的投影片？

　　製作完成的投影片，如果要提供給其他使用者，有時會擔心使用者不知從何著手進行內容的報告，此時若希望能在每張投影片中，註記摘要重點或相關補充資料幫助簡報的進行，該如何設定呢？

### 觀念說明

簡報編輯區中的「備註」頁面，主要是在放映投影片時，為了輔助講者瞭解簡報的重點，不要忘記演講內容而加註備忘記錄的地方。

「備註」這個區塊可用來進行演講稿的草擬或記錄簡報補充資料，它的內容在投影片放映時並不會顯示，除非有二個螢幕並經由設定才能顯示。而如果要將相關的內容提供給其他使用者，則可透過「列印」的方式將內容印出來。

### 錦囊妙計

**圖01** 點選「備註」標籤列，切換到備註檢視的頁面。

**02** 在每一張投影片中，加入所需要的資料。

**03** 點選「檔案 (F)」功能表中的「列印 (P)」。

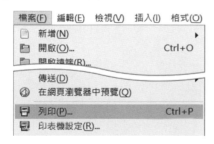

**04** 點選「一般」標籤→設定列印文件 (K) 為「備註」→再按「確定」。

完成設定之後，印表機即會列印出每一頁投影片的內容及備註說明。

### 小百科

設定列印「備註」，無論投影片是否有註記備忘內容，每一張投影片皆會獨立
列印成一頁。

# 101　在簡報中，如何列印成開會用的兩頁資料？

開會時常常需要將投影片的內容列印成冊，若是希望將投影片的內容列印成一張有兩頁或四頁投影片的文件格式，該如何設定呢？

## 觀念說明

簡報的內容除了可以透過電腦展示之外，也可以列印成紙本文件。一般常見的列印設定是「投影片」、「講義」、「備註」及「大綱」等列印，使用者可以依據不同的需求，列印不同的簡報樣式。

舉例說明，開會時常常需要將簡報的內容列印成紙本文件，俾利會議的進行與討論。但是簡報的內容往往動輒幾十頁，在提倡節能減碳的同時，預設簡報的列印模式是「投影片」，會將簡報中的每一頁投影片列印成一張 A4 紙張大小，如果希望能更有效益的列印投影片，可透過設定一次列印多張投影片。

值得留意的是，目前我們所採用的螢幕幾乎是「寬螢幕」，在比例上可能是 16：9 或是 16：10 的尺寸，然而這二種尺寸在進行多頁列印時，有時可能會有跑版的情況，可先將其設定為「A4」的版面，再來進行列印，方能成功列印出所需要的頁面樣式。

## 錦囊妙計

### 有邊界

01 點選「檔案 (F)」功能表中的「列印 (P)」。

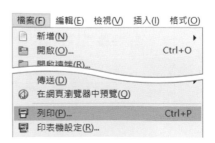

**02** 點選「一般」標籤→再選擇「欲使用的印表機」，如：FX DC-II C3300 PCL →設定列印「文件 (K)」為「講義」→選擇「紙面上投影片張數 (M)」為「2」→最後再按「確定」。

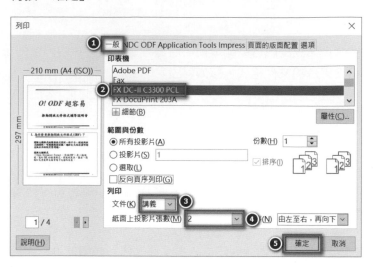

完成之後，列印出來的文件會在上、下、左、右留有邊界。

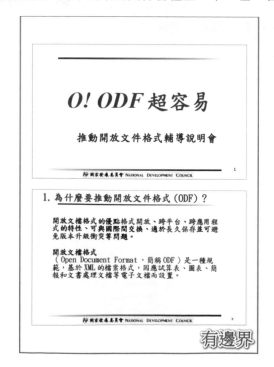

### 無邊界

**01** 點選「檔案 (F)」功能表中的「列印 (P)」。

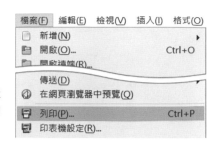

**02** 點選「一般」標籤→再選擇「欲使用的印表機」，如：FX DC-II C3300 PCL →設定列印「文件 (K)」為「投影片」。

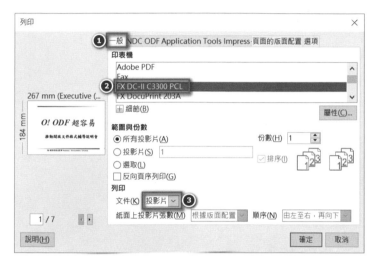

**03** 點選「選項」標籤→勾選「☑ 僅使用印表機偏好設定中的紙張大小 (U)」，讓列印的紙張變成為 A4 尺寸。

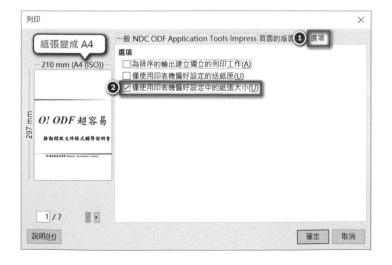

**04** 點選「頁面的版面配置」標籤→設定「◉每張紙上縮印的頁數 (A)」為「2」→最後再按「確定」。

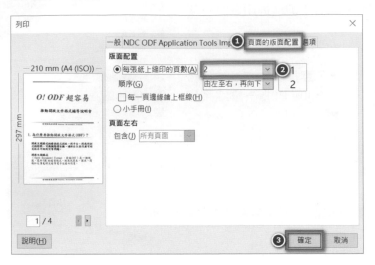

完成之後，列印出來的文件是接近滿版的，不會在上、下、左、右留下過多的空白邊界。

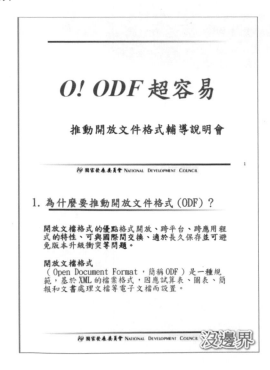

使用者自訂邊界

步驟01 點選「檔案 (F)」功能表中的「列印 (P)」。

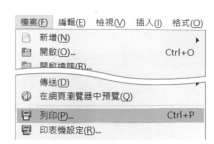

步驟02 點選「一般」標籤→再選擇「欲使用的印表機」，如：FX DC-II C3300 PCL → 設定列印「文件 (K)」為「投影片」。

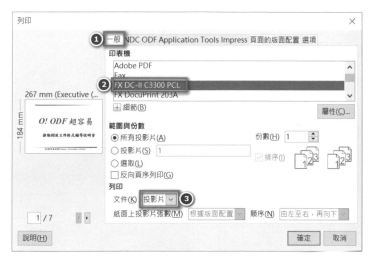

步驟03 點選「選項」標籤→勾選「☑ 僅使用印表機偏好設定中的紙張大小 (U)」，讓列印的紙張變成為 A4 尺寸。

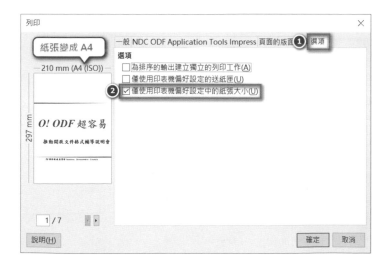

**04** 點選「頁面的版面配置」標籤→設定「⦿每張紙上縮印的頁數 (A)」為「自訂」
→設定「頁 (B)」為「1 乘 2」→視實際情況設定「頁面邊距」，如：5 公釐→再
勾選「☑ 每一頁邊緣繪上框線 (H)」→最後再按「確定」。

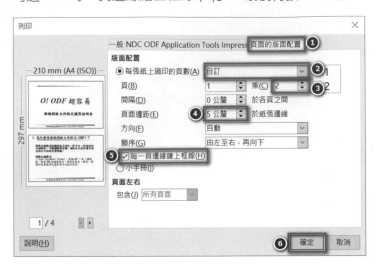

完成之後，列印出來的文件上、下、左、右的邊界值即是使用者設定的大小。

# 101 招學會 LibreOffice｜Writer 文書 xCalc 試算表 xImpress 簡報實戰技巧

作　　者：蔡凱如 / 孫賜萍
企劃編輯：莊吳行世
文字編輯：詹祐甯
設計裝幀：張寶莉
發 行 人：廖文良

發 行 所：碁峰資訊股份有限公司
地　　址：台北市南港區三重路 66 號 7 樓之 6
電　　話：(02)2788-2408
傳　　真：(02)8192-4433
網　　站：www.gotop.com.tw
書　　號：ACI032300
版　　次：2020 年 06 月初版
　　　　　2020 年 11 月初版二刷
建議售價：NT$620

國家圖書館出版品預行編目資料

101 招學會 LibreOffice：Writer 文書 xCalc 試算表 xImpress 簡報實戰技巧 / 蔡凱如, 孫賜萍著. -- 初版. -- 臺北市：碁峰資訊, 2020.06
　　面；　公分
　　ISBN 978-986-502-514-4(平裝)

1. LibreOffice(電腦程式)

312.49L5　　　　　　　　　　　　　109006891

## 讀者服務

- 感謝您購買碁峰圖書，如果您對本書的內容或表達上有不清楚的地方或其他建議，請至碁峰網站：「聯絡我們」\「圖書問題」留下您所購買之書籍及問題。（請註明購買書籍之書號及書名，以及問題頁數，以便能儘快為您處理）
  http://www.gotop.com.tw

- 售後服務僅限書籍本身內容，若是軟、硬體問題，請您直接與軟體廠商聯絡。

- 若於購買書籍後發現有破損、缺頁、裝訂錯誤之問題，請直接將書寄回更換，並註明您的姓名、連絡電話及地址，將有專人與您連絡補寄商品。